網紅吸金 直播正夯 ▶

百萬人氣直播主的

5 堂必修課

許湘庭・萬珈維｜著

時報出版

| 推薦序 |

第一本直播行銷的專家心法

| 推薦序 1 |

　　臉書在台灣是最歡迎的社群媒體，也惟有在台灣能把臉書直播，發展成新的銷售通路，讓國外學者也感到驚艷，這在行銷學術領域上，勢必會留下研究的紀錄與成果。

　　作者許湘庭出自於淡江大學管理科學學系的博士生，以論文研究的精神與形式，去進行全面實務與理論結合的研究，再結合業界的直播主的實務經驗，以輕鬆的筆法，分門羅列的方式去呈現，無論是直播理論或實務，本書都已做到面面俱到，易讀好學。

　　這是台灣第一本將直播行銷這個課題完整呈現的書，二位作者傾全力分享自身最實務的經驗，讓讀者得以一窺直播行銷的真相，提供給想投入這個領域的人，一個周全的方向與做法，事半功倍，快速入門，絕對值得一讀，非常精彩。

淡江大學管理科學學系主任、行銷博士｜陳水蓮

| 推薦序 2 |

　　直播是當下最火紅的銷售方式，跨區域跨市場跨領域，現在很多商業界都開始注意到這個領域，甚至在商界電商平台等等，也都開啟直播銷售的功能，足見這個是未來趨勢，所以，想要成功，要跟上趨勢就是

來學直播。

　　這本書將行銷 4.0 的 5A 行銷，用來解構直播的行銷方式後，讓完全沒有經驗值的人，也能快速上手。加上實務的直播主經驗分享，把實務操作上，清楚的告訴大家，只要把這五堂課好好讀完並且加以運用時，你也會是最強的直播主。

中華國際投融資促進會理事長｜葉美麗

｜推薦序 3 ｜

　　湘庭是我多年媒體圈的好友，從記者轉型到經營管理，之後專研社群媒體行銷，還進到淡江大學去攻讀行銷博士，非常認真與專業，尤其直播這一塊，早期媒體平面轉型網路，直播也是重要的工作之一。

　　對於直播銷售，二位作者結合專業與實務面，清楚分析解説直播的學理與技巧，觀眾的心理分析與消費行為種種，讓大家輕鬆入門易學好運用，我相信這本書可以幫助很多想要投入直播這一塊領域的新手們，完整的流程架構，想要快速上手入門，非得讀這本書不可。

資深媒體人、名嘴｜康仁俊

｜推薦序 4 ｜

　　當編輯來找我訪問時，我真受寵若驚，老實説這兩年半以來，我的直播人數始終不多，每次看到同業竟有上千人同時觀看的成績，都讓我羨慕到直流口水……，幸好我始終堅持做自己，堅持自己挑商品，堅持把這少少的人數當家人對待，堅持只推薦我自己會用會買的，堅持初心，

才能讓一路跌跌撞撞懵懵懂懂的我，在離開購物台後，和我女兒潤潤有一番小小的天地共享幸福，謝謝所有觀看並支持我直播的家人們。

　　這本工具書，紀錄了各種直播主的經營之道，無疑給了許多想創業的朋友們一個方向與機會。但無論如何，希望大家凡事都能把消費者與商品擺在第一位，要能在競爭激烈的網路市場上長久生存，創造好口碑遠比任何廣告行銷都要來得有用。

電視購物天后｜俞嫻

　　2016 年直播元年，臉書正式開放直播功能給個人使用，當時每天的直播則數，全球達 35 億則，每年以倍數成長。

　　2017 年的聖誕假期，台北市信義區華納威秀商圈熱門的廣告看版區，顛覆以往的大咖明星代言廣告，取而代之的是素人直播主。

　　2018 年台灣網路使用調查報告指出，觀看直播位居第二名，年齡層都在九〇年後，網路用途除了通訊軟體外，年輕人都在看直播。

　　2019 年調查報告指出，63% 的上班族最想做的職業是直播主，高達 80% 的年輕人，都曾觀看過直播，曾在直播上花錢消費，更高達 50%；也就是說，年輕人都曾經在直播上花錢買東西，或是「打賞」直播主。

　　2020 年新冠病毒疫情漫延全球，影響各行各業，關門、休業、加裁員比比皆是，惟一一個行業，卻是登廣告找人，大舉召兵買馬，找的就是直播主。

　　最後，你一定要知道的是：

　　2020 年直播經濟全球達 3,000 億，台灣更突破 250 億元。

　　2021 年業界預估，台灣的直播經濟產值將高達 300 億元。

　　你直播了沒？

　　……

　　「八點檔戲劇一哥陳昭榮」，2017 轉戰直播台賣海鮮，一年營收上億元，2020 年不止賣海鮮美食，現在連豪宅、大理石精品、外國名牌包都賣，2020 年更開設直播娛樂台，開台做直播節目，拓展所有與直播相關商機，明星一哥不幹，改當直播台大哥，因為直播主比演戲好賺。

　　「購物台專家千萬一姐」俞嫻，在 2016 年離開待了 17 年的購物頻道，揮別輝煌業績，轉戰個人直播台後，創下 2 小時，百萬珠寶完銷紀錄，廠商排檔期合作得等 3 個月。

　　購物台一姐不幹，改當直播主，因為直播主時間自由，可以賺錢兼陪伴女兒成長，自己的直播台，挑選商品有原則，能為粉絲們把關挑商品。

　　藝人馬國畢、董至成轉戰直播台，賣起日用品雜貨，檔檔皆千人上線觀看，訂單數一小時破千筆，綜藝通告咖不幹，節目主持不做，改當直播主，因為直播賺的錢，比通告費還多，賣東西比賣笑好做，時間自由，喊開播就播，為人生找到事業第二春。

　　「直播天王」林揚竣從小混混轉身變成直播天王，喊價賣東西比嗆聲還爽，短短二年營業額破億元，還創下史上第一人，在直播賣千萬跑車紀錄，口袋塞滿滿，也創下人生的高峰境界，達到不可能的任務。

　　「幼教老師丟丟妹」賣海鮮，因為開台時習慣丟商品，被封為「丟丟妹」，曾創下一個小時同時 12,000 人觀看紀錄；當褓姆教小孩，不能吼也不能罵，改當直播主，想說什麼就說什麼，跳舞唱歌演戲都開心，大家愛看更愛罵，賺錢又賺人氣。

　　「胖嘟嘟女孩」直播賣大尺碼衣服，版妹加姊姊體重破二百多公斤，不是美女賣衣服，依舊創下一小時千人觀看成績，接下千筆訂單，衣服來不及出貨；胖版妹當直播主，分享胖女孩穿衣秘訣，教人穿出自信與個性，顛覆商機及模式，帶給大家新思維。

　　「直播教父」葉議聲開工廠幫人代工生產測速器，原本直播只想銷庫存，居然賣出新商機新通路，創建直播線上線下全通路，找廠商合作，還幫業者銷庫存品，解決庫存問題，曾廠下日銷萬瓶飲料紀錄，知名品

牌大廠排隊上門找合作，培養女神直播主群，造就全台最大直播通路工廠，成功轉型建通路，開啟人生新起點。

上面所列的這些人，過去都不曾直播過，都從 0 開始，甚至有人第一次直播掛零，一星期後才有第一筆訂單，如今，他們都在直播銷售，業績持續上升，粉絲群愈來愈多，銷售的商品種類更多元，這一切都是靠一支手機開始。

你有沒有手機？

你的手機能不能上網？

你有沒有滑臉書？

都有！

恭喜你，已經具備直播主的基本條件，只要上完直播五大課程，就能開播賺取第一筆訂單！

你還在等什麼？

快來直播賣東西！

許湘庭

| 作者序 2 |

若我能做好直播，你一定也可以

我常常對大家說，「若我能做好直播，你一定也可以。若我能在直播上賺錢，你也一定可以在直播上做生意賺錢，重點在你要不要開始！」現在你打開這本書，讀到這裡時，讓我先說說我的故事，聽完後你會知道，為什麼我會這麼說。

我出生在台南，國小前是由外公外婆帶大的，因為家庭因素，和父母親相處上並不融洽，在打罵教育下，非但沒有矯正，反而更叛逆！那時候，很愛去學校，只想離開這個家，所以很早就出門上學，去學校就是打架鬧事，成群結黨就跟迷失少年一樣，開始進出警察局，16 歲時在永康夜市因為義氣開槍闖禍後，開始「通緝」過著跑路的日子。

跑路的日子，膽戰心驚，白天不敢出門，半夜出門也害怕，打電話回去給外婆時，她總說，「快回來，面對現實，重新做人！」雖然沒見到面，但她的聲音裡帶著氣憤與心疼，我知道，真的傷透老人家的心。

一年多後被補，結束跑路的日子，被送執行牢刑 我記得外婆辛苦北上搭車來看我時，一臉焦急與擔心，卻不知道該怎麼罵我，記得他們只有說，「卡乖呫！卡聽話欸，快回家，我們等你！」不懂事的我，讓家人傷透腦筋，打也打了，罵也罵了，真的不知道該怎麼教了，當我出圇圄回家後，外婆拿出我的開槍新聞剪報，她說，「若你再不改過，我就把剪報留給你的孩子看，看你怎麼教小孩。」看著外婆手中的剪報，當下慚愧與心酸，因為外婆識字不多，好不容易從報紙裡看到孫子的新聞，居然是壞新聞，還得剪下來，那拿剪刀的手，那時候的心情，恐怕是又

酸又痛。我告訴自己，「有機會，我要讓外婆剪下的新聞報導，絕對是好新聞，讓她得意剪得很高興的新聞。」

27 歲那年，還在遊走法律邊緣，過生活，載浮載沉完全沒有目標與方向，說的再白一些，我連明天在那裡都不知道。直到遇見了永康保安宮「吳府三王」，祂收伏我浮動的心，並指引我一條路，開啟我水族寵物生涯。那時候看見孔雀魚很漂亮，於是買了幾隻回家養，純粹觀賞，後來發現孔雀魚生了一堆小魚，我覺得好有成就感，開始引發興趣，為了讓孔雀魚更漂亮，想更了解水族的知識，於是，我主動上網找資料，意外的發現其他更吸引我的觀賞魚，主動發訊息去詢問養魚社團的團主，大家熱情的有問必答，就這樣，我從玩家到專家，甚至變成賣家。　因緣際會的在水族界的朋友支持下，我接下了一間水族館，正式成為「有間水族」的老闆，從進貨到飼養，從銷售到售後服務，我都親力親為，遇到飼養新手，我也耐心的解說與教導技巧等，累積好口碑及業績。

正當業績上軌道時，卻發生 0206 大地震，我的店就在維冠大樓旁，那場地震毀了整家店，一夜之間負債百萬以上，那一天，我心疼難過甚至不知所措，但是，隔天，我立刻清醒，因為我告訴自己，「有人比我還慘，我不能被打敗，不能就此倒下去。」當時，為了要幫助維冠大樓受災戶們，我把存活下來的魚出清，部分款項，捐給受災戶們！

地震後的「有間水族」重新發展更快速，打倒手骨 顛倒勇 。開始以實體加電商方式販售，並在臉書上開立粉專及社團，與大家交流一些養魚的知識分享等，集結不少粉絲群，後來，臉書開放直播，為了服務粉絲們，立即開啟直播。

記得我的第一場直播，上線人數快 200 人，跟每個人一樣，我沒有做好準備，沒有安排流程與腳本，所幸粉專己經經營一段時間，所以，

直播過程還算順利，只是業績與成效，差強人意。而下播後的第一時間，我告訴自己，「要做就做最好的！」於是，我開始投入直播的學習與研究。那時候，只要有空我就盯著異業直播台的直播，從說話技巧、粉絲對話、商品介紹、氣氛營造等等，不同直播主，不同商品屬性，甚至，不同時段。

　　為期三個月的摸索期，再加上天天開播，去試驗自己的領悟，終於開播後的第四個月，人數開始倍數成長，現在只要一開播，基本人數上千人，最高還可以達到 4 千人。

　　在台灣直播賣東西，真的創造不少商業奇蹟，以水族來說，若實體店面，我的顧客群只能在台南地區，想超出這個範圍很難，但自從有了電商及臉書直播後，全台灣都有我的顧客，連到泰國接洽觀賞魚廠，場主跟翻譯說，他在直播上看過我，遠無國界，而且一場直播賣出的數量，超過全台連鎖一天的數量。

　　直播除了可拓展客群外，連商品也增加多元化，因為客人會提出詢問與要求，當你得到粉絲支持時，他們想要的相關商品，都會找上你幫忙，因為他們相信我的專業與誠意。為此，我的「有間水族」，還拓展出寵物鳥 珍稀等寵物，曾經在一場直播裡，賣出 300 多隻鸚鵡、2 噸多的水族濾材，破千瓶的水族藥水，上千包的飼料，甚至合法辦入 袋鼠、狐狸、狐獴等特殊寵物！

　　投入直播將近三年多，我發現很多人想投入這個行業，卻不得其門而入，跌跌撞撞後退縮消失，這真的很可惜。我常對年輕的員工說，「如果你要去做一個沒有未來前景的工作，沒有發展，或無法賺更多錢的工作時，那還不如開直播賣東西。」只是，當你對一件事情發生興趣，必須要投入心力與耐心去學習，絕對沒有一步登天的方法，包括粉專直播養粉等。我常想起自己，在投入水族與直播時，沒有任何人教導帶領下，

我選擇上網找資料，去書店找書看，甚至跑到店裡去問老闆，開始直播時，有空就開直播，先與粉絲互動開始，把基本功夫做好做足了，等到有一天真的上場用上時，一定可以發揮作用。

我很鼓勵周邊的朋友，一起來投入直播賣東西，直播就像是開一家店，但是，他只需要少少的成本，像是一支有網路的手機，加上臉書帳號時，就能開始直播。

自從我開始經營有間水族時，我告訴自己，有能力時一定要幫助更多人，每年都辦一場公演活動，做善事回饋社會，因為我要讓外婆感到驕傲，也感恩神明的指引。所以，過去幾年，我都會廣邀朋友，發起賑米、賑物質給低收入戶，來回饋社會。只是後來我發現，與其給魚吃，不如教他們釣魚，尤其是現在的年輕人，他們正在經歷和我當年一樣的迷網，所以，我想到可以把直播技巧教給大家，讓年輕人也能透過直播賣東西，開啟不同的人生。所以，才有了這本書。

書中所提到的直播技巧內容，除了我的實戰經驗外，也從直播同業中交流到不少技巧，很感謝他們無私的傾囊相授，有人問，「教會別人直播，難道不怕成為競爭對手嗎？」這點大家不用擔心，因為台灣的直播市場很大，各個直播台有自己的特色與粉絲，大台有大台優勢，小台有小台的立基點，更多人投入，能夠讓直播的經濟更加蓬勃，歡迎大家一起來。

最後，想把這本書獻給外公外婆，我想對他們說，在我叛逆時，您們未曾放棄過我，這份親情動力是錢買不到的，感謝您們的堅持，感謝您們的盼望、感謝您們的鼓勵，讓我一直有目標、有抱負、有夢想！我愛您們！

萬珈維

| 目錄 |

第 1 堂課 ....

人

直播主養成術

- · 模仿＋練習＋開播
- · 相信自己做得到
- · 隨時給予他人開心感受

第 2 堂課 ....

事

直播界不說的秘密

物

直播台瘋神榜—他們憑甚麼吸睛？

直播主養成術

直播主的角色非常重要，是整個直播台的靈魂，必須一人分飾多角，也必須包羅萬象，像個百變藝人，更要蕙質蘭心，懂得客戶要什麼，有時甚至還要充當心靈導師，聽聽大家說話；但是，直播主不能有距離，不能沒個性，更不能有偶像包袱，因為直播主不是藝人。

聽起來，直播主角色好複雜，加上又有不同類型的直播台，感覺好難呀！但所要掌握的重點及特色不難，只要經過刻意練習，你也可以是百萬業績直播主。

1.1 帥哥、美女絕非銷售萬靈丹……

「我長得不漂亮，身材不好，更不會跳舞，怎麼當直播主？」

「我長得不帥，不會說話，也不會唱歌，能當直播主嗎？」

「我不會直播、我一上台就說不出話來」、「我的臉書上的朋友，全都是不會買東西的人，直播也沒有用啦！」

這些話是很多想接觸直播，卻又害怕直播的人，心中的呢喃，你是不是也這麼想的呢？

　　說起當紅直播主有甚麼特色，內行人其實都知道，愈不是帥哥、美女這一型的直播主，直播業績通常愈好。畢竟這可不是選電影明星，非要俊男、美女才行！孰不知放眼望去，最受歡迎的直播主，通常都是強調「個人特色」的那一款，至於顏值與身材，絕非必要條件。

　　舉例來說，海鮮直播主「丟丟妹」，便曾創下 1 小時內有 12,000 人同時上線觀看，並且刷出上萬個讚及愛心的佳績。但不說大家恐怕不知道，丟丟妹本人長得嬌小可愛，圓圓潤潤的，加上說話活潑俏皮，喊場賣東西的高低音頻極有個人特色，時而嗲聲嗲氣地對著鏡頭喊「媽媽」，有時又會拿出粗獷豪邁的聲調說著「樓上招樓下，阿母招阿爸……」之類的俗諺，保證毫無冷場，這是丟丟妹的風格—可俏皮也可接地氣，因此，她的銷售成績總是驚人，堪稱北台灣最大的海鮮商品直播主。

　　再舉一例，基隆有個專賣女裝的直播台「趙頡祐服飾專賣」，老闆

本人就是當家直播主，我想說的重點在，老闆是男人卻賣女裝，甚至還把女裝穿在身上展示給消費者看，條理分明地教大家怎麼穿搭，徹底顛覆大家對於本該由女人來賣女裝的傳統思維！身為男性的直播主，完全站在男性角度來教女性消費者聰明穿搭，輕鬆吸引男人目光，效果事半功倍；也因此，這個直播台開播不久，便已獲得上萬粉絲支持按讚，一點也不奇怪。此外，販售大尺碼衣服的直播台，改由胖胖的女生來擔任直播主，由這些胖妞們來教大家穿出自信美，肯定會有一定的粉絲群支持，誰說非要帥哥、美女才能當直播主？

上述這群成功的直播主，背後都有一群時時追隨支持的鐵粉，每月營業額更是驚人。

看到這裡，你一定很想知道，究竟符合什麼樣條件的人，才能擔任直播主吧？

當紅直播主的特色，展現自我才是王道

其實，直播界都知道，漂亮的人不一定會賣東西，唱歌好聽的人，也並非就是能言善道的人，更別說會跳舞的舞者，手腳則不保證一定乾淨俐落……。其實有些明星站上台各個能歌善舞，但一說話就破功，無法與人正常應答，通常只會傻笑……。而有些藝人也只能表演脫口秀，唱起歌來根本就是五音不全，演戲跳舞更像根木頭一樣呆呆的，只會同手同腳，頻頻搞笑。大家必須明白，當直播主可不是選明星，也不是挑藝人，最重要的目標是成功賣出商品，並且留住粉絲，成功創造眼球經濟（手指經濟），畢竟業績才是直播台活下來的最大目的。所以，直播

主不是偶像、藝人，不可以有「偶包」，通常若不幸遇上放不開「偶包」的帥哥、美女，我們肯定急到跳腳，畢竟空有顏值卻沒業績擔當，只會唱歌卻不懂得催單，往往只會讓站在一旁的小幫手及老闆們急到雙手合十，頻呼阿彌陀佛了。

曾有賣茶葉的直播台，找來年輕漂亮的秀場小模撐場，原本以為直播主賣相好，又有秀場經驗，只見小模穿著熱褲及小可愛上線賣茶葉，豈料一上場開播，場子冷到定格，小模直播主根本說不出販售茶葉的精妙所在，更別提說笑話逗大家了，記得當時甚至有粉絲誤以為手機當機，畫面延遲的尷尬場面一再出現，實在嚇壞大家了。也有海鮮台在直播開場時找來辣妹跳舞熱場，起初也確實吸引了一些粉絲進來觀看，豈料，不過一場十多分鐘的熱舞，卻足以讓人失去耐心，甚至有消費者直接問直播主：「你到底要不要賣海鮮？」

每個直播主都是由新人開始，從 1 個粉絲開始進階到面對上千上萬個人，過程中也是經過不停地試驗與修正，方才得以在直播界摸索出一些依循方向與地位。也就是說，**想當直播主，外表或才藝不是最重要的，關鍵在於「自我」**。

自從有了手機臉書後，很多人不看電視了，反而天天去滑手機裡的直播頻道，為什麼直播台能夠取化電視節目呢？因為直播主多了「三感」—真實感、親切感、代償感，這三感也是藝人與直播台最大差異，所以，掌握住原則，相信大家都能朝當紅直播主邁進。

1. 真實感： 明星藝人在電視節目裡，總是打扮光鮮亮眼，畫上濃妝，

叫人感覺是不同世界的人，關在電視機裡面的人物，多了隔閡、虛假、以及難以靠近的感受。而直播主在開播時，呈現最真實一面，說話尺度樣子、語助詞、穿著打扮、小動作等等，就像是隔壁鄰家女孩，完全無二的表現，無距離的真實感，最容易獲得粉絲們的信任及喜愛。

2. 親切感：直播主的外表美不美不重要，重要是「親切感」，也稱為「眼緣」，就是給人第一眼的感覺。這是粉絲願不願進入直播，會不會留下聽直播主說話，甚至於聊天互動，都與此有關。

與粉絲之間的情感建立，通常是以聊天開場，原本陌生的一群人，在直播主帶動下，可以針對一個話題來討論，如：「今天這條魚有什麼煮法？」引起大家討論興趣後，一人一句就聊開了，久了互相成為朋友，所以，一定要有「親切感」，才能開啟成功直播之路。

3. 代償感：這是從心理學角度來分析，所謂「代償心理」，自己內心有一些慾望、想法，想要去做卻不敢實踐的事，透過轉移在別人身上，來滿足自身缺憾。通常我們會去喜歡看一種表演，或是喜歡某個藝人明星，其實都有著這樣的代償心理出現。

當我們看到直播主，展現自我自信的介紹商品時，除了商品吸引外，這個直播主身上，必然有自己想要去達成，卻始終放在心中的項目。像是跳舞及面對鏡頭不怯場的態度等等，特別是一種，原來連這樣的直播主都能夠做到，我好像也不賴的想法在心中得到紓解與補償。

看直播就是透過不同的直播主，有著不同的特色，讓大家去滿足代

償心理。舉例來說，直播主會在直播時大罵下單不取貨，或是無故退件的客人，破口大罵「奧客」的舉動，絕對能夠得到從事服務業的消費群者共鳴。因為他們只能罵在心裡面，不敢罵出聲，但是聽到直播主痛罵奧客時，往往立即取得共鳴，而這就是「代償感」的紓發。

　　直播主的「三感」，通常在俊男美女身上找不到，反而素人才能兼備，也能夠透過培養與訓練而來；直播主最重要的目標是賣出商品，所以，她不需要靠外在，不用唱歌好聽，不用跳舞好看，更不必打扮的光鮮亮麗，最重要的是利用「三感」與粉絲互動，才能換來實質的營業額。

　　大家不妨好好想想，你是否擁有真實、親切、代償等「三感」呢？只要懂得發揮這三項特質，你也能成功朝向當紅直播主邁進。

1.2 直播主心態要正確，重點在「做自己」

藝術家安迪‧沃荷（Andy Warhol）曾說，「在未來，每個人都能成名 15 分鐘。」直播主讓這件事持續發生中。直播主做什麼呢？聊天、說話、跳舞、賣東西、大吼大叫、或露奶跳舞，還是狂罵粗話嗆人，其實，這都只是一種表演。

　　時下常見的社交平台、真人秀等直播主，賣的是個人的特色、魅力、專業、與時間；時間一到，她就必須出現在手機鏡頭前面開播，真人秀的外在顏值是必備，畢竟自己就是個商品，但是，光有顏值不夠，個人特色才是最重要的主打，所以，並非只有帥哥美女能開播。

　　真人秀得找出話題、主軸、重點及特色，陪著粉絲們聊天說話，展示大家所關心的話題，像以吃貨為主的直播主，也要說出吃到的美食感受，好不好吃，味道、口感、味覺、嚼勁等等，也能加上自己個人評論感受，讓粉絲們覺得有趣而願意留下來，甚至按讚分享，還會打賞禮物給星星。

　　至於銷售商品的直播主，最重要的目的是賣東西，讓粉絲願意掏出錢來買單，所有話語總是要轉著商品為主，因此，相對於真人秀的直播主容易入手一些，商品就是話題，不必再去找主題來與粉絲互動。

　　直播主大致分成這二種為主，有商品及無商品，雖然不同，但直播主的養成都相同一致。直播主的角色，像是一間店長、售貨員，試著想

像你開了一家店，要來招攬客人，想盡辦法要把商品賣給客人，這樣你才會有收入。那麼你會怎麼做？

現在很多直播台或直播主，一開場都以熱舞做為開播的噱頭，請來辣妹舞團，或是直播主自己跳起來，這是從真人秀裡所延伸出來的，當初南部有間直播台，先是賣平價手表的店家，由於直播主是男人，開場時或播出中，都找來辣妹相伴載歌載舞，果然，辣妹熱舞吸引來很多的男粉絲刷讚跟愛心，有了人氣也增加買氣。

後來為拉抬人氣，也有直播台找來辣妹，穿著小禮服，一字排開來，展現華麗高檔的霸氣，但這些都只是花招之一，真正的焦點還是要回到直播主。

其實，辣妹跳舞是噱頭，也是吸引人的好招術，只是時間長短、幾點直播、舞蹈種類等等，都要考量在內。像是把辣妹跳舞時段，安排在家庭主婦忙完家事，或是上班族偷閒看直播買東西時，她們想要就是買東西的愉快感，看跳舞要幹嘛，何況還是辣妹跳舞，同性相斥呀，當然就不買單囉。

稱職的直播主，正確心態無往不利

直播主的角色很多元，首先，直播主就是個主持人。現在大家都不看電視，反而是用手機看直播的時間多。取代了電視節目，而直播主就是節目主持人，就算是跳舞節目，還是要有主持人串場介紹，所以，安排節目的內容及流暢度，是最重要的任務。

直播台開播等於是開店，要把商品銷售出去，得靠店員的銷售手法功力，這就是直播主的最大責任，所以，究竟賣的是什麼商品，要怎麼賣商品，如何介紹，與粉絲互動等等。直播主要了解商品，是最佳商品代言人，直播主跟藝人不同更貼近粉絲，所以，要成為一位稱職的直播主，心態正確很重要。

直播主的心態，要有老闆、店長、消費者加上自我的混合體。

老闆心態就是要賺錢，希望產品賣得多一些，貴一些就很開心。其實，很多直播台的直播主自己就是老闆，要有老闆的心態很重要，要排除自己是領薪水打工過日子的人，每一天每一日每一檔的開播都是賺錢的機會；面對上線顧客，都視為財神爺，送錢上來，更應該要好好的對待，以客為尊。做為老闆，一定希望店受歡迎，商品賣的很好，客人很多，所以，要掌握好直播台的特色，如何吸引目標客群，產品要把關嚴選多樣化，直播到接訂單售後服務等流程，都要好好檢視，作為最初的創建者，以及最後把關人。

店長就是站在第一線面對客戶的人員，那就是直播主；這個人的角色，就像是主持人，一場活動的流程安排順暢與否成功與否，全靠主持人的掌控，一場直播的銷售任務是否成功達成，則是直播主最重要工作。

首先要完全了解商品，販售商品特色、使用方式等，價格上有什麼利基，最好是先做好市調，在直播過程中，把所有優勢一一講清楚說明白，才能讓粉絲想要繼續聽下去。所以，惟有你了解商品，才能以專業加服務熱忱去吸引觀眾，進而讓他們成為你的粉絲。

具備消費者心態，大家呷好道相報

　　另外，直播主還要有消費者心態，究竟客戶想要什麼，面對商品，最想知道的是什麼？站在消費者的心態去考量，尤其在直播當下，要讓人感受到，你都是站在顧客立場，幫大家爭取福利，而不是只幫著老闆賺錢，要讓粉絲有跟你站在一起的感受。例如直播主常會說，她趁著老闆不在，價格亂賣，大家快來搶。亦或者，這一檔商品賠錢，沒關係她來賠，大家開心就好；有人也會拉著廠商開播，就直接坳價格，粉絲們光聽都覺得爽，覺得直播主是跟大家站在同一邊。

　　那是一種同理心，獲取粉絲最重要的一種心態，在網路行銷上，行銷學大師菲利浦 · 科特勒（Philip Kotler）就曾提到，社群世代的轉變，也讓行銷出現轉換，以前顧客是接受資訊後開始消費，現在是你必須先讓顧客認識自己、知道自己專業後，得到認同共識，下次若有相關商品或問題需要時，第一時間就會想到你，成為顧客後，進而還成為傳播者。

　　這樣的過程，強調以消費者的心態去理解，客人想看到什麼，想要知道什麼，站在顧客的心理去思考產品及服務，看直播時最擔心什麼問題等等。包括產品的思維、解說商品方式與過程，甚至，直播時鏡頭燈光的安排等等，曾有直播台找來知名藝人站台，掌鏡小幫手一直把鏡頭放在藝人身上，反而忽略了產品。

　　在那一場直播中，當直播主在介紹商品，就有人留言「鏡頭要拍商品，不要一直拍藝人，我要看商品」、「我要買的是商品，不是藝人啦！拜託給我看商品。」當底下出現這樣留言時，真的要替這位掌鏡的小幫

手擔心丟飯碗了。這點其實顯示一件事情，藝人來站台直播商品，粉絲有娛樂感之後，還是要回到商品。

最後，也是最重要的是做自己，現在臉書開播的直播台，若以直播系統業者的估計，至少有三千家以上，幾乎每一分鐘都有直播台開播。賣的東西食衣住行娛樂都有，商品上都大同小異，那麼，為什麼觀眾會停留在你的直播台呢？

把直播主當成電視節目的主持人，有人喜歡本土天王吳宗憲、有人愛看綜藝天王胡瓜，也有人愛看年輕主持群，當然，有人愛看談話性節目，觀眾各有所愛，重點在每個人都有自己的特色。

直播主最重要的功課就是做自己，呈現真實的一面，不要過度的修飾，也不要用華麗的詞藻來形容商品，因為那叫廣告，直播看到的是商品真實的情況，好用不好用，怎麼用等等。以消費者心態來看，直播主就是幫大家先試用商品的人，他們不是藝人，是值得信任的老闆店主，直播台雖然會有餘興節目，但終究主打是介紹商品，過度修飾會失真，失去信任，如果要看這樣的節目，直接看電視廣告即可，所以，直播主的個性，才是留住粉絲眼球及荷包最大主因。

以真實的一面去面對粉絲，看久了會建立起信任感，就會成為固定粉絲，無論直播主推出什麼商品，銷售什麼東西，都會追隨與支持，這就是直播主的魅力。

1.3 黃金 8 秒鐘循環，留住粉絲不變心……

根據國家生物科技資訊中心（Ｎational Center for Biotechnological Information）一項研究指出，一般人的平均注意力從 2000 年的 12 秒，到了 2013 年已降低到了 8 秒，這是因為行動裝置快速接受訊息，讓大家習慣快速瀏覽，所以，要讓粉絲進來直播間到停留觀看，全在這黃金 8 秒中。

誠如前言所描述，直播主一定要懂得掌握黃金 8 秒鐘，並且不停地循環運用，從開播前的定格畫面，到開播時直播主的行銷手法用詞等，商品介紹，購買流程等等，都要以黃金 8 秒的速度循環。至於如何掌握這關鍵時刻，請大家記住一件事，那就是不厭其煩地提醒觀看者，現在在做什麼？看過直播的人都知道，我們不會準時的進入直播間，或早或晚的，所以，中途加入的人肯定搞不清楚這裡發生什麼事了？所以，請記得要不停地提醒大家，我們現在正在做什麼？

而這也是直播主最關鍵的作業原則，不停地重複主軸，例如現在要賣洗衣球，當直播主在解說商品的過程中，便要不停地提到這一檔商品的銷售重點—像是下殺最低價或是全台最便宜，因為往往就這樣一句很簡單的話，就可留住不少人下單。

「黃金 8 秒循環，短時間的重覆」，這在心理學、催眠運用上，都能讓人加深印象，擺脫陌生的隔閡與距離。所以，若你希望被人記住自己時，在說話時，請記得不斷加上自己的名字，重覆提到的結果是，大家最後可能什麼都記不清楚，但只有重覆被提到的東西（例如你的名字

或商品）記得最牢靠，原因無它，單純因為已被刻進腦子裡了。有些直播主會透過快速的說話頻率來加快現場節奏，其實這像是玩快問快答的感覺，消費者會感受到現場的緊張氣氛，連帶勾勒出衝動消費的慾望，在快速過程，只要掌握黃金 8 秒的循環重覆，都能吸引粉絲留下來。

直播有別於電視節目與購物台，就在於直播主與觀眾能夠立即的互動，直播台都是現場直播，任何的狀況都要在第一時間反應，這就是最有趣的地方。

曾經有專賣零食的直播主，爬上桌子叫賣丟零食，最經典畫面就是她在直播當時摔下去，人仰馬翻，當時，直播主再爬上來時，紅著臉笑翻天的說不出話來，粉絲們緊張又擔心，看到她沒事，還繼續開播，讓大家見識到直播主認真一面，而這一幕讓許多人成了該台的忠實粉絲。

直播台最大的吸引力就是現場的效果，粉絲們可以參與其中，直播主一喊關鍵字、狂刷愛心、分享到個人頁面及社團，大家一起做，那種同樂參與感，正是數位行銷和傳統行銷最大的不同之處，在數位經濟時代，倡導分享力量，已經藉著行動連結和社群媒體的擴散，持續放大中。

1.4 直播主的 5A 行銷

Q1. 如果你要去一家店買東西，會選擇有認識老闆、熟悉的店去買，還是完全不熟，沒去過的店消費呢？

Q2. 進到一家店裡買東西時，若店員能叫出你的名字時，並且與你熱情的打招呼問候，你會不會感到很爽？

Q3. 進去一家店買東西，你喜歡店員臭臉不理你，還是笑臉迎人的向你說，歡迎光臨？

以上三個問題，若用在直播間裡，是否會出現相同的感受與答案呢？

對我來說，踏進直播間，被直播主特地點到名，無論是簡單問候或隨口聊上幾句……，通常只要說的好話，相信大家應該都會有種感覺，那就是「我跟直播主很熟，我是 VIP！」

收看直播的人，無論是新舊客，只要在第一時間，被直播主點到名、問候時，都會有被重視的感覺，所以，直播主最重要一課，就是跟粉絲們裝熟。這是數位行銷中，利用「裝熟打招呼」促使顧客積極參與，還能提升粉絲們旳黏著度，及主動推薦態度。舉例來說，當交易出現爭端時，直播主會把事件過程原委，在直播上說出來，與粉絲們進行討論，就像是論壇上發問，立即獲得極大廻響，粉絲們喜歡參與討論，提出意見與協助方式，鼓勵與打氣，甚至會以更具體的行動，買更多的方式，來支持直播主，因為這就是參與，我們是站在一起的，此刻，這個直播台不再是直播主一人，而是大家共同的。

LIVEhouse.in 的創辦人之一程世嘉曾說：「在廣告全面失效的未來，取而代之的就是直播影音社群行銷，你賣的東西是情感、是認同，不是商品！」而這正是目前最盛行的「顧客參與行銷」。

行銷學大師菲利浦・科特勒（Philip Kotler）也曾在《行銷 4.0─新虛實融合時代贏得顧客的全思維》（Marketing 4.0：Moving from Traditional to Digital）一書中提到，隨著機動性和網路連結的增加，顧客在考慮與評估商品品牌的時間有限，注意力縮短情況下，被動式的接受商品廣告訊息、產品特性、品牌承諾等銷售話術等，尤其是華而不實的廣告訊息，顧客選擇刻意忽略，視而不見，這時候反而是社群裡好友的建議。這時候，即使企業品牌提供再多的訊息，往往都已失去影響效益，反觀只要來個出其不意的驚喜，通常便能將顧客轉換成忠實擁護者，而做法就是**找出顧客的購買路徑，了解顧客會遇到的接觸點，選擇重要的接觸點介入。**

喜歡並且信任你，直播主勝出的關鍵

凱洛格管理學院（Kellogg School of Management）的洛克（Derek Rucker）提出的「4A 架構」，這架構用在網路時代前的顧客體驗路徑，也就是將顧客的體驗路徑分成認知（aware）、態度（attitude）、行動（act）、再次行動（act again）。

「4A 架構」是顧客評估品牌時所經歷的考慮過程，顧客先是知道某個品牌（認知）、感覺喜歡或不喜歡（態度）、決定是否購買（行動）、再決定是否會重覆購買（再次行動）。只是到了網路時代，開始進入轉

變與調整。顧客先是受到社群的影響，進而決定自己對品牌的態度。而對於品牌的忠誠度，已經不是由重覆購買來認定，相反的，就算沒有使用沒有買過，也願意推薦，顧客透過社群媒體、社交軟體的連結進行交流。

舉例來說，有人想去找餐廳地方替小孩辦滿月抓周宴，就在社群上發問：「想替小朋友辦抓周宴，那裡好？」，這時候就會有人開始在底下貼文建議，轉貼別人或者部落客、店家網站介紹文，推薦的人真的有去過那家餐廳嗎？

而根據上述的轉變，顧客的體驗路徑重新修正成「5A 架構」。包括認知（aware）、訴求（appeal）、詢問（ask）、行動（act）、和倡導（advocate）。直播的顧客體驗路徑，充分運用「5A 架構」。

首先，大家看到直播台出現認知，透過黃金 8 秒留下訊息，將訊息處理成短期記憶後，完成認知階段，這個階段最重要就是驚喜 wow 因素才能建立。好奇心的驅使，點擊進入直播間後，開始進入詢問階段，可能利用潛水在直播間裡，看著別人提問，又或利用社群討論，來進一步去了解直播台。

行動階段就是購買，甚至與直播主互動開始，像是聊天對話等等；隨著時間對話的累積經過，顧客開始對品牌產生忠誠度，也就是習慣觀看直播台，按時進入直播間問候與互動等，倡導階段，就是把顧客變成自己的傳教士，直播主無需自我推薦，這部分已由顧客接手。

　　這個路徑不會是按順序進行，其中詢問到倡導部分會重覆循環，因為當首次完成 5A 體驗路徑後，已成為忠實的粉絲群。不過，若當中出現錯誤，卻沒有好好處理時，後續的倡導，也可能形成負面的評論。直播主應該清楚知道直播體驗 5A 架構，可以用來進行產業特性的比較與洞察，也可藉此發現競爭者與自己的優勢。畢竟直播的「5A 架構」，最終圍繞在顧客參與行銷，真實的參與，立即性的雙向溝通，會讓顧客感受加深，涉入及黏著度也會加深，進而成為顧客的日常生活一部分，就像是習慣觀看的 8 點檔節目一樣。

　　直播是未來最重要的行銷策略，提升的效益遠比其他的行銷手法高出數倍，所以，不少電商平台、公司紛紛開始投入直播，這時候直播主的風格，與顧客間的互動信賴度，將會成為勝出主要關鍵。

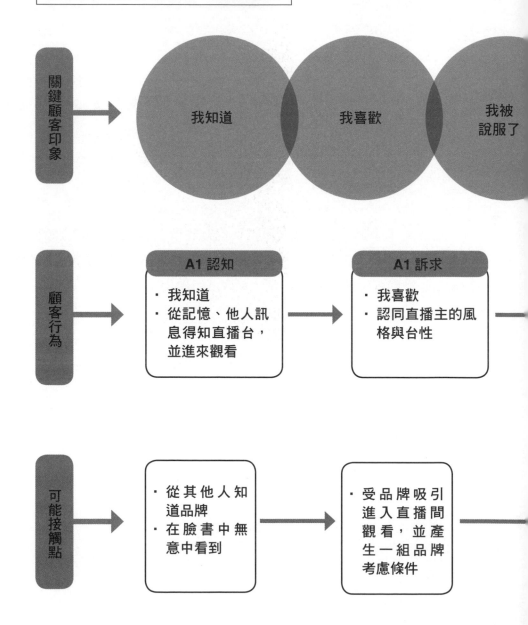

直播台的顧客體驗 5A 架構路徑

關鍵顧客印象 → 我知道　我喜歡　我被說服了

顧客行為 →

A1 認知
· 我知道
· 從記憶、他人訊息得知直播台，並進來觀看

A1 訴求
· 我喜歡
· 認同直播主的風格與台性

可能接觸點 →

· 從其他人知道品牌
· 在臉書中無意中看到

· 受品牌吸引進入直播間觀看，並產生一組品牌考慮條件

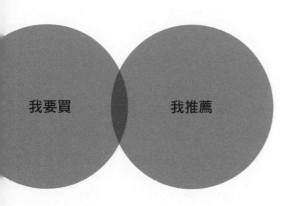

我要買　　我推薦

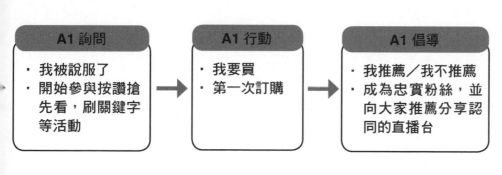

A1 詢問
・ 我被說服了
・ 開始參與按讚搶先看，刷關鍵字等活動

A1 行動
・ 我要買
・ 第一次訂購

A1 倡導
・ 我推薦／我不推薦
・ 成為忠實粉絲，並向大家推薦分享認同的直播台

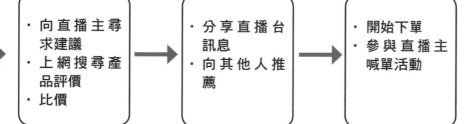

・ 向直播主尋求建議
・ 上網搜尋產品評價
・ 比價

・ 分享直播台訊息
・ 向其他人推薦

・ 開始下單
・ 參與直播主喊單活動

1.5 直播主風格養成三部曲

> 數位時代的來臨，直播經濟勢必加速成長，想要參與開始永遠不嫌晚，除了先認識直播的內涵生成架構，以及未來的趨勢後，開始自己的訓練與刻意練習吧！

直播主的養成，必須透過自己本身去完成。舉例來說，就像是開車，去駕訓班上課受訓拿到駕照後，若是沒有刻意的練習上路，就算再好的駕駛老師指導，依舊不敢開車上路。

直播也是相同，須要透過刻意練習，才能往目標接近。

學習最快的方式，是設定目標，《刻意練習》（Peak：Secrets from the New Science of Expertise）作者安德斯・艾瑞克森（Anders Ericsson,）根據三十多年的研究發現，所謂的天賦，其實是人類大腦和身體的適應力，只要透過正確的練習，亦即「刻意練習」，善用大腦和身體的適應力，每個人都能改善技能，甚至創造出你本來以為自己沒有的能力，達到顛峰表現。

現在我們在直播台看到每一位直播主，都是素人開始，過去沒有直播的經驗，也是一步步的練習開始。因此，想要成為一位成功的直播主，先去設立學習目標，你喜歡那一個直播主，或者，從你想要從事的商品類型直播主開始。例如，你想要賣衣服，那麼去找出一個你喜歡的直播台，去向這個直播主學習。

模仿＋練習＋開播

　　模仿是學習的其中一個方式，像從小學說話，也是父母一個字一個字念給我們聽，讓我們模仿音調所發出來的。直播也是一樣，去看別人如何直播，從開播開始，到收播結束，中間講了什麼話，做了什麼動作，談了什麼事情等等。不同的商品，不同的直播主，各有不同的風格與方式，但是，直播的過程大同小異，差異就在直播主的風格，這也是勝出的最大因素。所以，找到心中想要模仿的直播主後，設立目標，就須要展開刻意練習。

　　模仿的練習方式，可以把直播主的直播過程錄下來後，先是對著鏡子練習，從語調、動作、聲音等，統統練習直到內化，再以錄影的方式來檢視。每一次的練習錄影，都要拿來自我比對檢討，這樣才能不停的突破，超越自己的上限，這樣的練習是有目的，有目標的練習，能夠清楚知道好與不好，等級有沒有進步，達到什麼程度。

　　練習在學習的過程中，是很重要一環，但是，必須有目標性的練習，否則，漫無目標的練習，完全辨識不出進步與否，就是一個無效的練習。有人說，我做菜都做了十年，怎麼沒有變成大廚？因為沒有設立目標，沒有刻意練習，記住，天天做相同的事，並不會因此成為專家，因為無法進步。經過模仿，設立目標，刻意練習後，就要進行真實的測試，找一位對象，作為你的導師。或者，真實在自己的社交平台上開直播，讓你平台上的好友，幫你進行檢視與評論。

　　有人面對人群說話演講，很自在，但是，對著鏡頭手機說話時，卻

會無所適從，為什麼呢？因為看不到對象，就像對著空氣說話。所以，有人就說，直播主比舞台的主持人更需要有一顆堅強的心，因為你不知道你要對誰說話。其實，課程上再多次的練習，還不如直接上線的直播，以真正的直播過程做為練習。很多直播主都說，他們壓根沒有練習過就上場直播，完全是做中學，學中做，邊做邊修正，今天直播後，下播檢討，明天繼續上播，繼續檢討，畢竟直播的狀況千奇百怪，練習會讓自己更懂得掌控，但進步最快的方式，就是開播上線。

不斷練習，讓你和你的直播表演合而為一，你才能自在的當一個直播主，彷彿每一場的直播，都只是在和熟悉的朋友聊天那麼輕鬆。展開練習，只有在你和粉絲建立起緊密的情緒關係，並得到他們的信任後，才會真正說服他們。

相信自己做得到

你一定想知道，要成為直播主，有什麼必備條件？其實，很簡單，你會開口說話就可以開播。差別在，直播的好與不好。

《跟 TED 學表達，讓世界記住你》（Talk Like TED：The 9 Public-Speaking Secrets of the World's Top Minds）一書的作者卡曼 · 蓋洛（Carmine Gallo）提到，倘若你和大眾沒有不同，那麼你這輩子能做的事情，將遠遠超乎你的想像。你有能力感動別人，鼓勵他們，為 喪的人帶來希望，為迷失的人指引方向，但前提是，你必須相信自己有這樣的能力。別讓負面標籤阻礙你達成天賦，別被心中的負面小聲音來影響你的信，雖然有些人認為你不可能做到，但是，最終打擊自己，給自己貼標

籤的是自己。

「我當不了直播主！」
「我會緊張說不了話！更不用說去賣東西」
「我直播誰會看呀！直播賣東西，我的朋友不會買啦！」

如果你每天對自己說這種話，你當然不可能成為直播主。記住，我們無法控制別人怎麼說，或怎麼看，也不用去在意，因為別人永遠無法把負面標籤貼在我們身上，反而是自己，我們可以控制自己想法，把負面想法都替換為鼓勵，重新設定思考方式，推動自己去找尋自信。

相信自己有能力成為百萬直播主，現在就開始去想。甚至就感覺自己就是。刻意培養，如同先前所言，直播主的每一個表現，都是一種表演，那麼先從思想去表演出來，接下來，無論是說話的聲音，語調，內容，聊天的方式等等，特質是能練習出來。

直播主最重要特質一自信建立出來後，就能擁有更多的膽識，世界上沒有天生的藝人，也沒有天生的表演家，每個人站上台害羞、害怕是正常必然的。那麼就練習吧。

面對自己恐懼的事情，愈害怕愈不敢去做的，就去練習，先從人少開始，跑到公園的看台去，站上去看著底下的人，習慣台上的感覺，就不會那麼恐懼。心理學研究指出，內心的恐懼，大部分來自於不熟悉，或是未曾接觸過，所以，當你有過經驗值時，恐懼會降低，隨著次數經驗增加，害怕會減少。上台習慣視野後，準備一段講稿，對著台下朗讀，

或是歌唱，一次二次，小小聲漸漸把聲音放大起來，幾次練習下來，就會練出膽識。

大家記得第一次去唱卡拉 OK，或者第一次拿起麥克風唱歌的經驗嗎？現在的你，早就忘了吧，因為你已經習慣上台唱歌的感覺，似乎不會害怕，不害怕表現就很自然，不會失常。除了練膽識外，話說的順暢，或是介紹商品的口條，可以去找店家，以顧客的角色，去向店員詢問商品，藉此練習自己的對話口條，也能吸收其他人在銷售上的口條用語，藉著實務上的學習，可以讓自己進步更快。無論你想要怎麼練習，最終一定要走出來，面對人群去實際操作，或許你可以用有興趣的商品，去向朋友推薦，看看在你的介紹之下，朋友會不會想要買，若會，那你就成功了。

練習膽識及口條，不會是一天二天的完成，而是刻意的天天練習，變成自己的日常，就能成為自己生活一部分，所以，千萬不要因為初期的不順利而感到沮喪。當一位直播主，現場會有各式各樣的狀況，必須隨機應變，沒有時間讓你去沮喪，也沒有必要。《喚醒你心中的大師：偷學 48 位大師精進的藝術，做個厲害的人》（Mastery）一書的作者羅伯・葛林（Robert Greene）認為，每個人都有推展人類潛能極限的能力，只要有正確的思維和技巧，創造力、智力與能力都是我們可以釋放的力量。

隨時給予他人開心感受

直播主的特質一開朗，從調查報告看出，看直播台的人，除了娛樂

性外，其中一個原因是紓壓，既然想要尋求紓壓管道，自然想要看到開心的直播台。而普遍的人也都喜歡正向陽光的人，所以，直播主無論碰到什麼問題，開朗樂觀正向的特質，最能夠留住粉絲。雖說有些直播主會在直播當下罵人發脾氣，甚至紓發不滿客人的心情，但這只能偶一為之，倘若常常發生相同情況，顧客一開始好奇，但絕不會持續觀賞，畢竟負面帶給人壓力，看直播是找開心，造成壓力誰會想看呢？

　　放眼直播界百萬的直播主，個個都是可愛、開心、甜美，散播歡樂歡播笑聲等，所以，記住只要一開播了，別忘了你的招牌笑容，有時候光是笑就能吸粉。

　　粉絲是一個一個累積起來，不要以為 4 人直播主一開播就有好幾百個粉絲上線，得須要時間與心力去經營，只是在上線之前，所要做的功課一定要完成，尤其是與商品有關的問題，粉絲的信任是來自於事先準備功夫，他們的問題若能得到充足的答案，信任感一旦建立後，就成為忠實鐵粉。

　　專業的培養需要去做很多功課，一件商品進來，就要去找資料，就算只是一個生活小掛勾，也會很用心的去問廠商，究竟要怎麼使用，才是最好最棒的方式，才能發揮取大功效。一場直播下來，日用品的品項少則 50 種，多則上百款，這些東西都得在事先了解商品，不能等到直播當下來問，那直播主跟粉絲有什麼差異，所以，想要擁有訂單，就要做事先準備功夫。

　　直播主跟藝人不同，直播主是購物專家，是要站在消費者的立場去

考量產品，包括價格、組合等等。讓消費者感受到你的貼心，你是為他們在設想時，大家會更加喜歡與信任。

直播界不說的秘密

直播叫賣商品已經成為未來的主流通路，無論是只想看直播的粉絲們，或是想要投入直播的人，有一些直播界不說的秘密，你們一定要知道，因為這將有助於你在直播買東西時，是否能夠挑買到物美價廉的好東西，而你的直播台規劃與經營，是否能夠順應時勢而壯大，現在就來看看有什麼秘密，是直播界不說不談的呢！

2.1 如何判斷你的直播台能否賺錢養家？

不說你可能不曉得，25 人看的直播台，可養一個人，50 人看的可養一個家，100 個人看的直播台，滾動的資金已經足夠撐起一間公司……

台灣進入 5G 網域時代，網路世界的不可能任務，都將一一突破與實踐，加上新冠肺炎的衝擊，已經讓全世界的商業模式產生極大變化，包括：

1‧由實變虛：很多人不再上街買東西，不再到店裡挑衣服，不再上館子吃飯，甚至不再上補習班學習，而是直接在網路看直播下單、上課、轉帳等等，因為直播可以看到開心看到爽後，才決定下一個動作。

2‧由靜變動：以往商品促銷的策略模式，以平面宣傳為主，拍出美美的宣傳照片、包裝，發送 DM，在媒體登平面廣告，像報紙、雜誌、周刊等等，只要好看大家就買單。但是，現在不只要用影片介紹商品，更要直播示範，現場吃給你看，說給你聽，讓大家看得津津有味，難以抗拒時不下單也很難。

3‧由電視廣告到網路真人分享：現在的人看手機比看電視多，看直播比看節目多，看素人比看明星多，因為素人直播主，更接近觀眾，明星始終是天上一顆星，遙不可及。直播主可以是鄰家媳婦，可以是隔

壁小妹妹，他們都跟你我一樣，平易近人，好看又真實。

而這些轉變，正是促成直播台蓬勃發展的主因。

2016 年臉書開放直播功能後，一開始限制多，能開直播的以粉絲專業為主，大多數以名人分享生活、談話，或是新聞媒體直播台為主，那時壓根沒有直播銷售商品，更不用談個人開直播這件事。

2017 年起，臉書開放個人可以開直播，這時候有人開始分享起藝術品，如玉石、骨董、收藏品等等，再利用社團開直播介紹商品，與大家互動連繫，漸漸的，有人想買藝術品，開始競標交流，這些東西都屬單品數量少，只有一、兩件，因此，直播主以競標的方式，讓觀看的人參與。

那時最常用的術語，「零元起標，一刀 X 元」，想要參與競標的人，只要在留言處，打上每刀的加價數，或是搶標的價格，就能參與競拍，線上競拍有參與感，刺激又有趣，當時有畫廊、骨董商每周開起線上直播拍賣會，一度引起藝術界的熱烈討論。後來，社團也來開直播，直播主就是團主，從原本貼文介紹商品，轉成直播現場說明內容，讓團員去加數量，開始有了「＋1」文化。而這種「＋1」的下單方式，就是由台灣優先創立。

活用臉書直播功能，徹底顛覆商業行為

説到優先創立直播銷售的下單模式，台灣真的是一級棒，大家的商業頭腦變化之快，連外國人也自嘆弗如，我們把臉書的直播功能運用在

商業銷售行為，顛覆當初創立的概念。為了配合台灣的直播銷售文化，臉書還進行多次的改版，從使用界面、觸及率演算法、廣告費用等等，甚至還延伸周邊下單後結帳、買廣告等系統，更強的是，台灣還提供按讚數、上線觀看人數的交易平台。

　　其實，光看這一點就能見識到台灣的直播經濟奇蹟，因為投入直播台愈多，大家開始搶買廣告，大筆的廣告收入，讓臉書發現台灣的砸錢實力，當然願意為此進行修正。而台灣的直播經濟，甚至朝東南亞地區國家發展，只要商品寄得到的地方，統統都能開直播，中國大陸的玉石藝術品商家，也想方設法的破解上線來臉書開直播，畢竟直播商機真的很大。

俞嫻的直播影片下的留言數達 2,189 筆，若以 50% 的比例去估算訂單數，則約有 1,994 筆訂單，成果相當驚人。

　　究竟台灣直播經濟有多強大？業界估計，2021 年全球直播產生的商業產值將達新台幣 3,000 億元，台灣便占了一成之多，這是從 2017 年的 50 億，短短 4 年便成長了 6 倍的成果，試想，台灣才 2,300 萬人口數，竟然能夠在直播上貢獻如此大的數字，成長力實在驚人。

　　說到經濟產值，直播業界裡第一個不說的秘密，就是「25 ／ 50 ／ 100」數字串。這代表的是，只要有 25 人看的直播台，可養一個人；50 人看的直播台，可養一個家；100 個人看的直播台，可養一

間公司。所有直播主的觀看人數，都是從 0 開始累積，有人以為場場直播都要有上千人觀看，才是會賺錢的直播台，其實不用，而怎麼看一個直播台有沒有賺錢？能不能賺錢？

當一場直播結束後，通常直播影片會保留，大家可以去注意看一下留言數，這些留言大多是下訂單的「＋1」單，代表著在直播當下，觀眾群所留下的訊息，若扣除有些人會重覆加單，以留言數的人數的 50% 來估算，就可以估出這檔直播接到多少訂單數。

直播商機無限大，養家活口就看這一單

其實，若再具體化一些，我們可以這樣假設：每個直播台等同於是一間店面，進來的就是客人。所以，若同時有 25 個人在線上觀看，這無異就是有 25 位客人一起上門來到店裡消費……，而這時，就看你怎麼介紹商品，如何讓客人買單囉。

再者，直播可以 24 小時開播，沒有營業時間的限制，加上不同時段會有不同客群，不論是日夜顛倒的夜貓族，早起趕車的通勤上班族，還是等小孩上學後便開始「高喊自由」的家庭主婦們……，總之，男人、女人、夜貓族、上班族、大人、小孩、奶奶、媽媽、姐姐等，人人都是直播的目標客群。

至於人力，很多直播台都是從自己一個人開始做起，我們不妨試算一下：每檔 1 小時的直播，若有 25 人同時上線觀看，每天分早、中、晚播三場，再以一個月 30 天計算：

25 人╳ 3 場／日╳ 30 天 =2,250 消費人次

進店人數高達 2,250 人，若扣除重覆及未消費人數（粗估 50%），結論則是

2,250 人╳ 50%=1,125 消費人次

假設，個人最低消費金額以 100 元計算，1,125 人╳ 100 元 =112,500 元。

一個月營業額達 112,500 元，扣掉直播台的成本，一支手機及網路費用，再加上直播主一人薪水，再扣除商品成本，試算後淨利可達 5 成以上，是不是比一個上班族的薪水還多？

再者，人數會隨著直播台開播時間愈久而累進，一旦客人愈多，業績自然往上成長。所以，大家不妨再進一步試算：

50 人觀看╳ 3 檔╳ 30 天 =4,500 人次╳ 50%=2,250 消費人次

預估每人消費 100 元╳ 2,250 人 =225,000 元，這樣子的營業額己經能養活一家四口人的小家庭。

100 人觀看╳ 3 檔╳ 30 天 =9,000 人次╳ 50%= 4,500 消費人次

預估每人消費 100 元╳ 4,500 人 = 450,000 元，這樣子的營業額，

已經能養活一個小公司。

　　直播初期的成本少，一支手機＋網路通訊費用就能開播。若一天能多播個幾場，營業額絕對超乎上列的估計與想像。直播商機有多驚人，可以觀察到很多直播台，無論賣衣服、海鮮、飾品等等，都先從家裡客廳、一人公司開播，之後，業績量大了，開始租下直播工作間，甚至是直播工廠，開始聘請員工，像賣海鮮的直播台，因為商品關係，需要冷凍設備及倉庫、貨車等等，公司廠房通常千坪起跳，而員工數更高 20 人以上，如此規模，己經讓人見識到可觀的業績量。而這樣的發展過程，短短的 2 年間，造就很多大台的直播台，進駐千坪廠房。

　　直播銷售的魅力，就在於這背後的無限商機。沒有營業時間限制，可以 24 小時開播，可以無限人數同時上線看商品，不用店租、裝潢，不用請一堆員工顧店，還能調配自己的時間，比上班還自由，還能賺得比上班族的薪水還多，這也正是為什麼有那麼多人，投入直播行列。

　　直播的商機無限，人數的背後藏著不能説的秘密，秘密背後有著龐大的商機，早一點進入，愈能分食這塊大餅，現在你己經認識直播商機的未來前景，接下來還有真相你必須知道。

2.2 直播主的收入來源？

「1111 人力銀行」做過一項調查，高達 44.13% 的上班族想成為網紅、兼差擔任直播主，若論原因，包括工作時間彈性、自由度高、工作內容有趣、可兼職正職工作等，都是關鍵。

其實，我個人認為，背後最大的原因是大家認為直播主容易賺到錢。

這些話是很多想接觸直播，卻又害怕直播的人，心中的呢喃，你是不是也這麼想的呢？

沒錯，直播主的收入很可觀，但背後仍有門檻及困難度得去突破及解決。

而説起直播主的收入，往往依直播台的性質不同而有所差異。如今直播台類型分三大類，直播主收入來源則有：

1. 直播平台 APP：專為直播而成立的自媒體平台，如 17up、浪 live、Live.me 等等，目前光台灣超過 30 家以上，還陸續增加中。主要以社交分享為主，近期更有平台，發展直播用來玩多人連線遊戲等。

2.Youtube 影音分享直播：本來是以影片為主打，後來 2011 年開啟直播功能，2016 年開放手機直播，讓 youtuber 由影音增加直播現場。有趣的是，直播功能開放後，有些線上課程、招商大會，甚至是股市理財老師社團等，也會使用這項功能來線上開立會員大會，直播開盤解盤等等。

3. 臉書直播：臉書直播其實是到 2015 年才開放這項功能，起初還只給粉絲專業獨家使用，後來開放直播後，帶起直播銷售商品風潮。而光是臉書直播銷售商品的商機，預估超過百億。

4. 電商平台直播：看到臉書直播銷售商品的魅力及無限商機後，許多電商平台也紛紛加入直

播的戰局，包括蝦皮、雅虎、台灣淘寶等等，都鼓勵店家利用直播功能，增加與粉絲互動，提高營業額，也因此許多店家突破電商平台的困局，以直播增加不少訂單數。

直播平台特性與收入來源

直播平台	特質	收入來源	特色
直播 app	專為直播而成立平台。	廣告商、贊助商、觀眾	直播主個人特色最為重要，商品就是直播主。
youtube	由影音平台增加直播功能，讓線上影音直播步。	廣告商	影音直播分享課程內容，專業題材為主。
facebook	社交平台增加直播功能，並開放個人直播後，將直播朝向銷售商品為主。	商品、廣告商	商品內容銷售為主，直播主具個人特色，都會有一群追隨者。
電商平台（蝦皮、奇摩、台灣淘寶）	電商為優先，開啟電商功能，供電商人員可直播說明商品特性等，增加營業額。	商品	電商自家商品解說，與客戶互動。

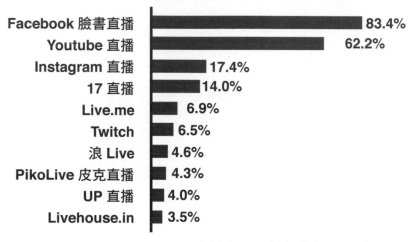

收看直播節目的平台

Facebook 臉書直播	83.4%
Youtube 直播	62.2%
Instagram 直播	17.4%
17 直播	14.0%
Live.me	6.9%
Twitch	6.5%
浪 Live	4.6%
PikoLive 皮克直播	4.3%
UP 直播	4.0%
Livehouse.in	3.5%

（資料來源：創市際市場研究顧問）

直播平台性質各異，獲利模式隨機調整

你知道現在全台共有多少直播台嗎？或許很難説出一個合理單位，但根據統計，每分鐘都有直播主在開播，幾乎是 24 小時全天候不間斷地播出，從這裡就可知道這塊餅有多大，只是不同的平台性質，目標族群也就大不相同，經營與獲利模式通常就差很大。

1‧ 直播 APP 平台：收入不穩定，「打賞」有限

以社交平台的直播來看，主推商品就是直播主本身，賣的是自己的才藝、顏值、應對、專業等等。收入來源以粉絲給禮物，或是賞星星，就是所謂的「打賞」。直播 APP 平台上，大家都能夠去開帳號，申請成

為直播主，只是播出不是問題，怎麼吸引人停留下來觀看，並且給予星星禮物等才是重點，平台多，直播主也多，想在這種類型勝出成為頂尖直播主，得付出的成本，除了時間、體力及耐心外，還得依靠妝扮、服裝等的成本投入，得到粉絲的讚賞與喜愛，才有可能賺到可觀的收入，所以，相對比較艱難，加上觀賞打賞支持的風氣，目前還未形成，也讓這類型直播主經營相對辛苦。

2・Youtube：靠「斗內」＋廣告商

Youtube 原本是影音平台為主，開放直播後，大家還是比較習慣看影片，另外，像是教學、組織會議等，因為需要長時間的直播，除了直播系統外，大多會選擇 youtube 去進行。雖然是教學直播影片，也會有收入，舉例來說，有投資理財老師，就在 youtube 上面開直播，只要國內投資市場開盤，直播就同步進行，以期貨、選擇權而言，日盤夜盤加起來，扣除休息的時間，一天直播下來超過 20 小時。

這類型的直播主，收入來源除了廣告商外，也有觀賞者的贊助，也就是「斗內」，通常想要獲取可觀的收入，得經營一段時間，有了至少七位數以上的觀眾群之後，才可能開始有收入，才會有廣告主前來投放廣告。至於想要拿到「斗內」，要有真本事，因為要解盤說明，讓觀眾心服口服，甚至從中賺到錢了，養到一群投資粉絲後，賺錢回饋老師，「斗內」收入才會出現。只是投資市場有賺有賠，很少有忠實的追隨者，所以，想要透過 Youtube 直播賺大錢，真的要投入更多的心力。

3・facebook 臉書直播平台：最容易上手入門

　　台灣的企業、商家及個人運用在商業銷售行為時，最為普及的社交軟體就是臉書直播，台灣做的最好最強，還帶動出周邊一連串商機，包括臉書平台改版，朝向可供商家販售商品。

　　為了方便臉書直播結帳，系統業者發展出結帳系統，只要在直播時，客人喊＋1時，系統自然會歸納帳單，讓同一個下標者進行結帳；這一系列的系統，還串接金流，結帳付款方式，可從匯款、貨到付款，甚至連信用卡也能結帳，讓客戶購物下單更加便利，提高購買願，也會更加信任。此外，送貨取貨的方式，有專屬物流系統，串接超商取貨，宅配等等，客人只要滑開臉書，就能一條龍方式，完成賺物的快感，行銷學研究發現，愈親民愈容易的購物平台與流程，愈能取得粉絲的支持及信任，省去煩鎖的流程後，提高安全機制時，難怪臉書直播的商機愈來愈大。

　　臉書平台的直播銷售業績量，從第一年的15億元，每年以倍數增長，預計 2020 年破 50 億，2021 年朝向百億，不僅打趴實體店面，連電商平台也感到威脅受到影響，開始來重視直播這一個商機。

　　為什麼臉書直播能衝破如此高的業績量，（一）好上手；（二）好入門；（三）好賺錢，只要一支手機，一個臉書帳號，就能立即開播，至於賣東西，在臉書上沒有賣不出的東西，只有賣不出的價格。

4・電商平台開直播：創建門檻最高，經營不易

昔日的直播主習慣讓客人在直播後選擇在電商平台結帳，既省下運費，也能省去結帳、轉帳的繁鎖。然而自從結帳系統問世後，店家不再需要與電商平台連結，而平台業者為了保留這個商機，於是開放直播介紹銷售商品功能。

想在電商平台開直播，前提是得先進駐平台開店，而每個電商平台都有不同的消費族群，加上電商多，競品容易被拿來比較，故而從價格比到商品品質，緊接著再從私訊客服的服務態度慢慢審察，相較於臉書直播銷售，電商平台門檻確實高出許多。

反觀臉書直播銷售商品，這股風潮從台灣推向東南亞，包括韓國、日本、越南、中國大陸、馬來西亞等地都能透過臉書觀看直播，下單買商品，達到直播跨境銷售，這塊直播商機愈來愈大，堪稱是無國界。臉書直播界就盛傳，有臉書帳號的人，都是他們的目標客戶，管他那裡人，只要看得懂商品，看得到價錢，貨出得去，錢收的到，都要用直播讓貨出去錢進來。

臉書直播就是自己開的一家店，低成本、營業時間可長可短，只要決定賣什麼商品，想要賺多少利潤，準備好商品及相關器材後就能開播，一天 24 小時，天天可以播，想賺多少錢，自然是操控在直播主手中。

你已經知道直播的收入來源了，有沒有想過，那一種收入我們最好入手呢？手邊有沒有現成的商品可以試播看看嗎？或許你可以考慮把手

邊用不到，又保存的很好的二手小物來做直播銷售，可以讓大家看看二手小物的狀況，也能以你使用的心得做為分享，雖然是二手小物，只要價錢夠便宜，也會有人喜歡帶回家。

最後，我想請大家記住一件事，**沒有賣不出去的商品，只有不會賣的人。商業世界是這樣，網路是這樣，直播更是如此。**想嚐嚐直播商機大餅嗎？那就繼續看下去。

2.3 臉書直播趨勢──大台武場、小台文場

根據資策會產業情報研究所（MIC）的調查報告，台灣曾使用直播的網友中，71.6％的人，觀看「Facebook」上的直播；其次為「Youtube」的55.2％、「17直播」19.5％、「Instagram」15.6％與「Live.me」10.2％。

你是否做過調查，大家都是利用什麼時間看直播？

有 **67%** 的網友指出，自己最常在下班通勤或回家休息時看直播。

另外一項針對購物習慣的調查發現，年輕人在每 10 次購物行為中，約有 4.5 次是透過網購通路，其中年齡層則以 21 ～ 45 歲為主，網購頻率高於整體平均，每個月約網購2～2.4次。從以上一連串的數據可顯示，電子商務結合直播導購已成趨勢，而臉書的直播銷售，更是未來最大的銷售通路，面對這百億的商業大餅，台灣的直播台也不斷的演進，從個人的單打獨鬥，到多位直播主輪播，再到多台同時聯播等方式。不同的直播台，都能擁有各自的支持者。

說起未來的直播台趨勢，至可分成「武場」、「文場」兩大類，各有各的優缺點及經營方式，端看每個直播主背後的資源有多少？但無論如何，筆者建議大家仍需以最無壓力的方式做為起點，因為做直播，最重要是分享開心給大家，倘若壓力過大，絕對是無法輕鬆面對。

「武場」聯播，團結力量大

所謂「武場」，直播台節奏快，商品種類多，屬性多元，單價較低，像是日用百貨、生鮮美食等等，拚的是數量多、商品種類多元、價格低，舉凡食衣住行的商品，都可能出現在同一場。由於這一類的商品單價低，因此，要衝出量來，才能有可觀的業績及利潤，因此，節奏一定要快，一檔三小時開播下來，才可能介紹上百樣商品，平均一件商品只有五分鐘完成銷售。

「武場」從早期單一直播主介紹後，開始出現多位或多台聯播方式進行。以多位直播主，或不同直播台同時聯播，主打團體戰的模式，希望以不同直播主的特色，來吸引不同族群的消費者。這種模式以中台灣的邦成國際貿易公司做的最好，旗下至少有 8 台以上的直播主合作，包括有「王三郎來了」、「叫賣哥—瘋狂賣場」、「公主派對」、「馬國畢的 big」等等。

每每開播時，至少 8 位以上的直播主，站成二排，第二排還站在板凳上，這種氣勢，光是首頁就很驚人也很吸睛，讓人忍不住想點進來看看，這群人想要賣什麼？加上因為人多，自然節奏也會抓得快，這種直播方式通常安排幾個直播台，每完成一件商品的介紹及搶標下單後，一喊結單就立即由另一位直播主，介紹下一支商品。而多位主播在旁等待時，也會幫忙喊單，與直播主對談，炒熱整個氣氛。

也有單一直播台，在開播時同時有二位以上的直播主上場，由一個主要直播主，帶領另外的副手直播主開播，還是一樣，強調氣勢與特色。

像由直播教父葉議聲所創立的「W 新零售直播工廠」，台內就有三大女直播，包括：「Anna 女神」、「家政教主周欣欣」、「行車公主謝阿菜」等。上述三大直播主有不同的特色，可販售商品從 3C、車用品、生活日用、美妝保健商品等等，甚至有海鮮廠商主動上門來尋求合作。

「武場」採團結力量大的商業模式，一檔下來同時上線的粉絲，至少都是以千起跳，訂單數更不用說，營業額非常可觀，可說是搶人搶錢搶訂單。嚴格說來，「武場」的直播台很像遊戲競賽性質的綜藝節目，當消費者因為好奇心驅使而點進來觀看後，一旦被吸引，便很容易會被直播主介紹商品魅力吸引，留下來後又會被價格及限時限價的衝動心態打動而按下「＋1」鍵，整場下來可能就是塞滿購物車，等到下播後方才發現自己居然買了那麼多東西……。

「文場」獨秀，細水長流來養粉

相較於「武場」的特色，「文場」主打精品、服飾、飾品、藝術品等，單價較高，需要介紹的比較精細一些，整個直播過程的節奏也會顯得較為緩慢。

「文場」因為單價較高，商品的專業性，獨特性等，都需要直播主更多耐心去說明內容及價格優勢等。像是「直播天王」林揚竣的「林揚竣臨時粉絲團」，商品以珠寶、水晶、藝品、手表等等，這些商品都需要直播主專業介紹，因此，台內一樣有多位直播主輪流播出介紹商品。另外，台中的「Nius 天后闆妹 - 童裝、女裝、美妝保養」，直播主就是闆妹，她細心為粉絲們回答所有問題，並且找來各種不同商品，跟大家

打成一片，彷彿就像是一家人，讓大家十分信賴闆妹，只要一推出商品，立即展現團購實力，甚至開始自創品牌。

「文場」的直播台，比較像是專業談話性節目，粉絲們相信直播主的專業度，想聽到商品的介紹多一些，例如商品怎麼使用，水晶如何消磁？貔貅要不要開光等等，互動通常會較多一點，停留時間也會更久。

直播台性質差異

直播台	武場	文場
種類	多種	少
類別	日用品、零食、海鮮	藝術品、珠寶、服裝、手表等
數量	多	有限
單價	低	中等
台性	類遊戲綜藝節目	專業談話性節目
主力	搶人搶錢搶訂單	養專養粉養品牌

文武皆從 0 開始……

無論是「武場」、「文場」，大小台的直播台，都要從 0 開始，很多個 0 聚在一起後，成就現在的好成績。每一個直播台開播的粉絲觀看數，都是 0 開始一步一步增加累續起來，別看這些粉專都累積幾十萬的按讚數，都是在一場又一場的直播後所累積下來的數量，因此，想成為直播主，最重要的就是開始。

伴隨 5G 網路的開始，未來透過網際網路的直播銷售模式，只會變化的更先進，加上新冠肺炎病毒的衝擊，大家的消費習慣己經有了改變，尤其是宅經濟的部分，只會促進直播銷售的更加發達，使用的人更快速增加，而這個數字變化，早已引起電商平台的注意，才會開始投入直播。

若以消費者立場出發，相較於平面的電商平台，直播銷售平台透過直播主的介紹，從穿給你看、吃給你看、煮給你看、用給你看等等行銷手法，真實呈現商品的真正效果與感受，雖然消費者只是透過手機螢幕觀看，但是已經足夠觸動心靈感覺去下單。

臉書的直播銷售，己成為未來的主流通路，相較於開一間雜貨店，或是餐廳，甚至是小攤位，成本及入門上的比較，直播銷售門檻低許多，簡單來說，只要一支能上網的手機、一個臉書帳號，就能開賣商品，這些成本應該可說是零，是不是門檻低許多，那你還在等什麼呢？

2.4 直播銷售的 4 大關鍵── 隱密、真實、陪伴、便利

因為疫情關係，宅經濟魅力一再衝高，經濟學者預估，2021 年的直播銷售商機預估可上看百億元，真可說是全民瘋直播。只是直播究竟有何魅力？消費者為什麼會習慣在手機看直播，買東西呢？

很多直播主都曾說過，從未想過直播賣東西可以賣得這麼瞎！至於有多瞎？且看以下介紹的真實情況吧！

直播，顧名思議，直接在直播台上，向消費者推銷商品。與實體銷售差別很大，也與電視購物不同。

說起自己採訪直播主多年的經驗，聽過的奇人奇事還真不少，例如我曾拜訪過營業額突破過去實體店面的 N 倍的直播主，因為從未想到自己販售的商品會大賣到這等程度會，一時之間備貨不夠，也來不及出貨，最後導致停播的窘況發生。其實後來我才發現，這種情況很容易發生，因為很多直播主一開始根本沒想過一件商品可以出貨上千件，一場直播下來可以接下上千筆訂單，而每張訂單接下來之後，後續的出貨工作才是最大挑戰的開始……。

從確認訂單、追貨源、出貨、包貨、寄貨、客服、對帳等一連串的後續工作，每件事情都疏忽不得，曾有直播主跟我反應，看到訂單的第一時間很爽，然後就是痛苦的開始，從開始包貨到出貨，工作到手指頭無法彎曲已是常態。但即使是加班趕工，還是來不及出貨給客人，之後

就是接到如雪片般飛來的客訴私訊；這還不打緊，若不幸得向廠商追貨，貨品件數不夠甚至是趕工不及，跟工廠這邊搞到快翻臉的情況也是時有所聞；更別提日後對帳時因款項太多筆，整個人看到眼花撩亂，雙眼根本就快脫窗了。

上面所陳述的情況，無論大小台、文武場的直播台都會碰到，筆者寫到這裡，依舊覺得很瞎。

其實顧名思義，直播就是直接在直播台上向消費者推銷商品。大家首先要知道，經營直播台，我們必須扮演多重角色，包括旁觀者、消費者、參與者。不妨試著回想：

你在直播台裡「潛水」多久後方才按下第一個讚？

又是什麼原因，讓你依照直播主的要求，將直播台訊息分享到自己的臉書社群頁面上？

最後又是何時開始下了第一張訂單？

另外，觀看時可曾參與直播主的抽獎分享活動？

觀看過程中，是否會與直播主互動？

看到這邊你是否發現，當你開始按讚、分享、搶先看後，開始會去關注這個直播台，甚至會固定時間去觀看，習慣性觀賞之後，有了互動

開始參與直播的一連串動作了。直播買東西真的是會讓大家上癮，這箇中究竟是為什麼？

高隱密性——
不怕店員強力推銷，不買還招來白眼

很多人都怕去或很討厭到店裡看商品，因為才停留在商品前，立即就有店員上門來要介紹推銷，有時只是走慢了，或是好奇多看二眼，店員熱情的介紹，真的會叫人不知所措，不買時，還會被送上白眼，當下自己成了「奧客」。

在直播上看商品時，看再久就算始終沒有買任何商品，都不會有白眼飛來，愛看就看，隨時都可以離開，就算問了很奇怪的問題，也不用擔心會被笑，因為沒人認識你，也不用跟直播主大眼瞪小眼，隱密性十足，也讓大家養成在直播間裡「潛水」的習慣，不過潛久了，終究等到你按下「＋1」鍵。

直播主的角色，是這個直播店面的店長、業務員，也更像是這個直播節目的主持人，要想盡辦法把節目內容及店面做得有聲有色，吸引顧客留下來，再進一步的讓顧客浮出水面，就是直播主最重要的任務及工作了。

高真實度——
即時性的互動，增加商品可信度

回想一下，你在網路購物或電視購物頻道買東西時，是否曾經有踩到地雷的經驗？沒有⋯⋯，那麼真的很恭喜，因為你是一個幸運兒。反之，有⋯⋯，這才算是正常的。因為，幾乎人人都曾碰到過。

網路購物最常有的糾紛，就是實際收到商品，與網站上的照片與介紹不一樣，圖文實品不符，想退貨又麻煩。由於電商平台商品介紹，以圖片文字為主，過度的修圖，加上誇張文字說明，造成看得與拿到不一樣，期待過高，商品ＣＰ值過低，就成了地雷，若又碰到賣家不肯退貨退錢，或是失蹤等，感覺就像是遇到詐騙集團，所以，很多人對網路購物仍有恐懼感。

至於電視購物雖然有購物專家，在每一檔節目中，清楚的介紹商品，甚至請來廠商代表等等，說明如何使用商品，買過的人都知道，電視購物過度跨大的商品展示說明，也讓人失望大過期待，再加上電視購物的播出，有時是重播，屬於單向的管道，消費者在觀看當下，商品問題無法直接詢問。

電視購物的商品，總是介紹的與消費者想像大不同，像是購物專家介紹時用起來好用，真的到了自己手上時，卻一點也發揮不了功能，這種看到商品與實際收到後的差異，常讓消費者感受極差。

但是，直播台在銷售商品時，粉絲可透過底下留言，詢問相關問題，也透過直播主的示範、試吃、試用等等，立即將商品真實的一面，呈現在大家面前。這種即時性的互動，在在都增加商品的可信度。

通常直播銷售商品的直播主，不要去使用美肌功能來直播，因為會讓商品失去真實性，而粉絲看到過度優化的鏡頭也會失去信任感。

參與陪伴感——
先當好朋友，喜歡再消費

在直播的當下，直播主總會喊著打出「關鍵字」、「分享抽大獎」等，這時候許多的粉絲真的會聽從直播主下的指令行事，就算抽獎抽不中，就算不打算買東西，但這就是參與感的滿足。

根據「創市際市場研究顧問」在 2017 年時進行的研究，收看直播原因第一名是消磨時間，第二則是娛樂性，從前幾個原因看出，直播當下給予消費者極高的參與陪伴滿足感，感覺她是參與在活動之中。

尤其有些直播台在半夜時開播，讓睡不著夜貓族，有節目可看，有人可以聊天，有話題可以討論，就像早期的廣播節目，有人打電話進去電台，跟主持人空中談話，而現在直播台幾乎就是其翻版。

這點符合社群媒體行銷的最大原則，先和消費者成為朋友後，互相認識與了解後，再進一步成為顧客。

便利性──
讓購物流程極簡化,聰明放大成交率

直播銷售商品最大最強的特色,就是便利性。

當你在電商平台買東西,得經過一件一件商品的過濾、尋找,有興趣的再點進去看看說明等,才能了解一件商品。經常逛完一間店家時,大都頭昏腦脹,下了什麼單都不記得。挑完後要在到購物車去結帳,才能完成採購商品。

這種必須逐頁翻閱地查找商品資訊,對消費者的耐心真是一大考驗,就像去逛百貨公司,還得一層樓一層樓地逛,這對於本身便不愛逛街的人來說,真是折磨。

至於電視購物下訂單,則需要打專線電話,就算是語音系統,也要驗證身分刷卡付款等等流程,要是新客戶第一次購買商品時,得先報上自己的身分,再拿出信用卡來付帳,之後再確認地址等等。而這一連串的購物流程,只會降低採購意願,所以,愈是便利性的購物流程,它的成交率也就會愈高。以直播銷售而言,當我喜歡這件商品時,只要在底下留言,依照直播主所說的編號加上數量,這基本上就完成訂單。

直播上的客戶,因為是透過社交媒體所登入,因此,個人的基本資料會伴隨登入,節省不少驗證個人身分的過程。所以,很多粉絲可都被這個系統害到荷包大失血,因為常常忍不住就按下「＋1」鍵,等到直

播結束後，會有小幫手私訊，教導大家來進行結帳。

現今更有系統業者，發展出周邊的「＋1」系統，開播當下盡情的加，再到右上角的「來去逛逛」按鍵裡結帳，快速方便有效率，這也難怪，不少人在直播結束後，進到購物，這才發現買了那麼多東西。

失心瘋的「＋1」，是直播台消費者的最害怕的，一場直播看下來，尤其是賣海鮮、賣零食的，每一件商品，在直播主吃相下，看起來都好好喔，當下沒按「＋1」就真對不起自己，所以，常會有粉絲在底下留言，抱怨家裡冰箱冰不下去了。像是台中牛排海鮮知名直播台「**白姑娘直播**」，主打牛排系列，常常一賣就是一整條原肉，一搭配就是福箱，每回介紹商品時，都有粉絲在底下 PO 文留言：「唉！家裡冰箱太小，裝不下了啦！真的好想買呀！」

直播銷售購物平台從開始發展至今，已約有四年多的時間，但是它的營業額卻是逐年創新高，消費族群更是跨區域、國家、不分時段，直播購物的商業模式，拉近消費者與直播主的距離，是未來最重要的通路之一。擁有通路就等於掌握商機，而這個通路的主導者就是直播主，公司若想要轉型，勢必得找來最強的直播主，所以，近幾個月來，人力銀行的最多職缺就是直播主，因為真的太搶手呀！

直播銷售已成為未來新通路趨勢，掌握趨勢就是掌握機會，快來學習直播銷售的技巧，接下你的第一張訂單吧。

收看直播節目的原因

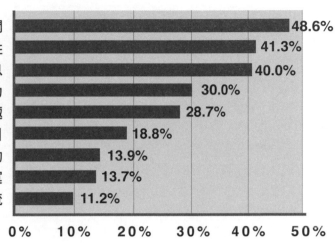

消磨時間	48.6%
直播內容具娛樂性	41.3%
直播內容可以提供實用訊息	40.0%
紓解壓力	30.0%
直播過程氣氛歡樂有趣	28.7%
受直播主吸引	18.8%
可與直播主或其他收看者互動	13.9%
排解寂寞	13.7%
跟隨潮流	11.2%

資料來源：創市際市場研究顧問 Apr.2017

2.5 直播心電圖

大家一定很好奇，有時候看直播時，明明不曾發言過任何一句話，直播主卻知道我們想要什麼，也都會挑我們有空的時段開播，完全猜中我們的慾望與需求，簡直比算命還準。

其實，直播主不是算命，當然無法算出你的心中想法，更不會讀心術，猜不到你的想法，但是，臉書直播的系統卻給了最佳的商業資訊，直播想要更上一層樓，想要更多人數，想讓業績持續成長，那就得去認識「直播心電圖」。

如同一般的公司，在銷售行為過程中，若能掌握消費者的心態與行為時，就能掌握與擁有更多的商機與利潤，所以，才會有市調與消費者分析等等的調查報告與數據，同樣的，直播也有消費者行為分析的數據，在直播界稱為「直播心電圖」。

「直播心電圖」可從粉絲專業的後台中「洞察報告」的選項中，點選進入後，就能看到一連串的數字分析，這個部分是每個擁有粉絲團的直播主，一定要懂得去找出來的資訊，非常重要，因為只要零活運用，就能創造更多商機。

粉絲團上方的洞察報告選項，是直播台的心電圖，想要活得好且活得長久，都要從中去找到答案與方法。

一、總覽：

在這裡你可以看到整個粉絲專頁的活躍情況，時間可以為期 1 天、一周、一個月的時間距離，這裡頭的數據，包括粉絲專頁的集客力、粉絲專頁的讚、推薦、影片、粉絲專頁瀏覽次數、貼文觸及人數、貼文互動次數、粉絲專業追蹤者、粉絲專頁預覽、限時動態觸及人數、回覆情況等等。

對於經營粉絲專業的人，一定要去參考這裡的數據，你可清楚知道你的貼文是否能夠有效的觸及到你想要的目標群組，或集客力的來源等等，皆此在貼文上頭，可以近一步的去進行改善，朝向我們的客群去貼近；亦或會發覺到，我們貼文及粉專吸引是哪一種的族群，進而去開發附合他們年齡需求的商品或服務。

　　總覽就像是粉絲專業的健康報告，所有相關的生理指數都會在此呈現，做為一個行銷研究者，一定要經常去分析，才能更加清楚消費者的動態。

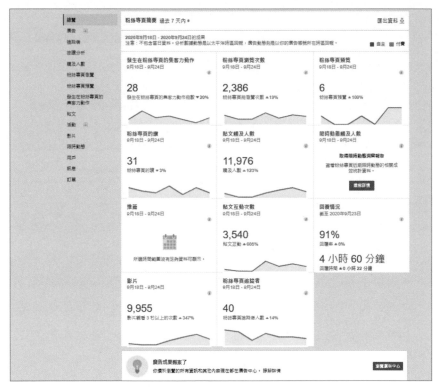

「總覽」就像是粉絲專頁的健康報告表，提供給大家了解我們的受眾，以及目標族群等資訊。

二、影片：

在眾多的數據下，做為直播主一定要去觀察影片裡頭的數據報告，可以清楚知道直播當下的人數變化，消費的反應。影片細項分成插播廣告使用權限、成效、忠誠度、受眾、續看率、收益、熱門影片等。

以影片底下的成效來看，可以知道觀看我們直播影片的人，一共看了多少分鐘，同時還能知道，看了 1 分鐘的人有多少人數，只有觀看 3 秒鐘的又有多少等等。這些數據都能知道，粉絲對於我們在直播時的興趣與耐心，會維持多久，並且在什麼商品或是什麼時間點下感到沒興趣，甚至於離開。

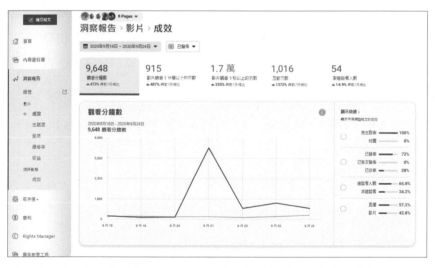

這個曲線圖在直播界稱為心電圖，可看出直播時影片的跳動強度等。

　　影片續看率部分，你可以了解你的直播過程中，最多人觀看的時候是什麼時候，在當下的時刻，直播主做了什麼事，是催單還是要求按讚與分享，粉絲在觀看時的反應，是留下還是離開，這時候可以進行直播過程的調整。

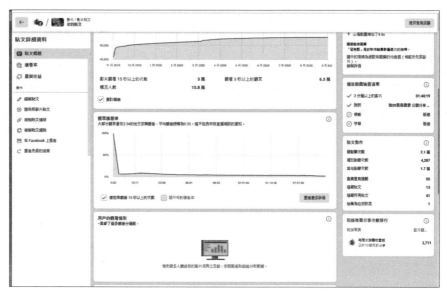

從影片續看的線圖，可看出粉絲在什麼時候，多久時間會失去對直播影片的興趣。

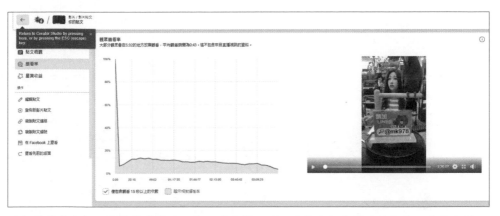

這個續看率分析，能夠伴隨影片一起，讓直播主可以清楚分析出影片的內容，非常方便。

貼文概觀：這個部分可以看出我們的粉絲群的細節，像是年齡層、地區、性別、觀眾互動情形等等。可以清楚知道我們的主要客群年齡層，做為未來開發新商品時的一個參考依據；居住的地區，若未來可以考慮到該地區去辦特賣會，或是粉絲會等等。這些都是可做為未來公司策略制定依據。

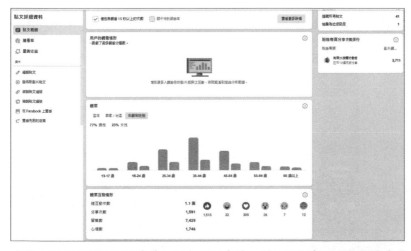

直播主可從這個柱狀圖清楚分析自己的受眾。例如該粉專的主要觀眾是男性，年齡則以 35 ～ 44 歲為主。

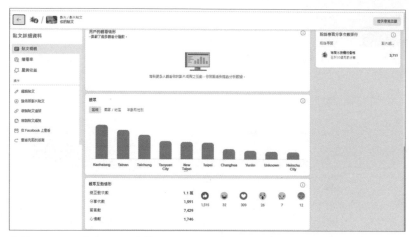

直播主可從這個柱狀圖清楚分析自己的受眾，非常方便。

影片衡量指標：這裡的分析數值，直播主一定要常常去看，因為它所呈現就是直播當下的數據。從這幾個數據能夠發現，直播時那一個時段人數最多，大家最有耐心觀看，又是在什麼階段，觀眾會失去耐心。

直播主面對一連串的數據時，應該要回去比對直播時的畫面，就能清楚知道，影響直播人數的原因，這些數據最為珍貴，也屬個人的直播特色，該如何運用，運用的好，直播人數絕對可以倍數成長。

臉書功能上頭，因為有投放廣告的功能收益，為了吸引粉專直播主下廣告，通常會將分析數據做得非常詳細，因此，直播想要進步，人數想要增加，或者要下廣告等，都記得要先去看看後台的分析數據。

直播叫賣是一門理性與感性兼具的工作,與粉絲博感情,更要活用數據量化績效,才能走得長久。

直播台的 wow 時刻

如何讓消費者主動開口，為自己的公司品牌宣傳，這就是直播主此階段最重要的任務，直播經濟的潮流，才正要開始，最先懂得把握最核心的理念與目的，可望在當今全通路行銷（omnichannel marketing）上，占有一席之地，提高銷售及市場占有率。

▌3.1▌ 讓你邊看邊叫好的一瞬間……

> 直播台的行銷通路，已經成為未來主流市場，在這個轉變時代，需要的是新的行銷手法，配合數位經濟中不停改變的消費者路徑，行銷人員的角色，必須要從教導消費者，延伸到讓消費者幫自己倡導宣傳。

行銷學大師菲利浦 科特勒（Philip Kotler）的《行銷 4.0》書中提到，企業除了注重顧客體驗，更應該提供顧客「wow 體驗」。在行銷 4.0 的世界，很多產品與服務都是同質商品，而 wow 因素正是可以讓競爭品牌做出區隔的地方。

WOW 體驗是什麼？

《行銷 4.0》書中提到，美國德州的創業家蔣甲，曾在為自己的網路公司尋找資金時，遭到無數次的拒絕後，開始有了被拒絕的恐懼，而為了克服這項恐懼，他決定寫下一百個最荒謬的要求，藉此對別人提出來後而得到被拒絕的練習。

是的，蔣甲在執行計畫前幾天都很順利完成，但是，到了 Krispy Kreme 甜甜圈店時，他向店員提出，要一盒排列像奧林匹克標誌的五環甜甜圈，原本以為這個任務一定會被拒絕，並且被嘲笑，豈料，15 分鐘後，店員居然照要求做到，而且甜甜圈的顏色真的跟奧林匹克的標誌顏色一樣，蔣甲當下不自覺的發出 wow 的驚嘆。

現在你知道 wow 是什麼了吧！就是顧客體驗到說不出話來的驚喜時，所發出的驚嘆語。wow 時刻有三個重要特性。一是 wow 是令人驚訝時刻，當顧客得到比預期更多的期待時，就會出現 wow 時刻；二是 wow 是客製化，只有體驗過的人才會啟動。所以當一個人內心的焦慮被滿足時，就會發出 wow 的驚嘆，差別在大家不知道。第三，最重要的是，wow 時刻會傳染，而且是要體驗過的人，主動將這個驚嘆散布出去。

從 wow 特性來看，直播主的每一檔直播，都能夠創造 wow 時刻出來，在目前直播經濟起飛時刻，產品和服務會出現同質化的狀況，要如何在眾多直播台裡做出區隔，就是讓 wow 因素變得經常發生。

直播考量粉絲的體驗路經，經由直播觀看，互動的過程中，要不斷的提升創意，改善與顧客的互動，也就是透過三個層次—享受、體驗、參與，讓顧客真正成為自己鐵粉。

做為一名直播主，只專注在產品上，只會讓顧客覺得享受，但更要進一步去發展能滿足顧客需求及渴望的產品和服務，直播線上的互動，交流，能將顧客得到參與的滿足，進一步的完成真正的 wow 體驗。

身為直播主，你的每一場直播是否有人會發出 wow 的驚嘆？

每一次的刷讚加愛心，參與的顧客有沒有體驗到興奮與開心的參與感？

接到貨品時，顧客是否會在開箱時，發出 wow 的驚嘆？

　　成功的直播主，不會也不該讓 wow 時刻偶而才發生。而應該好好設計每一檔的 wow 時刻，有效導引顧客從認知階段到倡導階段，用創意來設計與顧客互動，讓顧客先是感受到視覺享受，在參與直播活動過程中得到體驗時，進而正式購買參與，而這一系列滿足後，他便成為你傳播大使，不停的幫你把 wow 驚喜散布出去。

3.2 一場成功的直播，三大關鍵要素

> 為什麼大家愛看這個直播主？
>
> 為什麼大家都知道直播主何時開播？
>
> 為什麼大家願意守在手機前觀看這個直播呢？

簡單的說，粉絲們享受這個直播主的演出，他們準時的播出，讓他們內心的期待不會落空，直播主每回開播的內容，總有別於上一次的內容，所以，大家願意守在手機前。顧客看直播的體驗，其實是一種享受，放鬆、舒壓心靈的享受，穩定、可被依賴的享受方式，因此，直播主要養出自己的鐵粉，記住四大要件要維持：

固定時段開播

就像是連續劇八點檔，周一到周五的晚間八點，戲劇就會準時開播，不管外面刮風下雨，或是什麼大日子，觀眾已經養成習慣，八點檔準時等在電視機前。直播也要像八點檔一樣，固定時間就要播出，雖然是現場直播，狀況意外多，但仍要堅持固定時段的原則，養成顧客固定看直播習慣。

準時開播是養粉第一大原則，儘管網路世界再多變化，依舊有個規則可以依循，才能像個規模化的公司，顧客可以不看，但他想看時，依照時間前來，卻找不到，這時候，他會出現失落感，會開始產生懷疑不信任感。所以，直播主想要養粉，要依照約定準時開播。而**每一次開播**

前的直播預告，一定要做到圖文相符。有些直播台在進行直播預告時，會用誇大激烈的文字用語，例如：「最後一檔！」、「統統不要錢」等等，但是，當顧客點進去，看了直播後才發現，根本就被唬弄，完全不是預告說的那一回事時，顧客會感覺受騙了。這種手法被許多直播台運用，但是，顧客無法忍受放羊的孩子太多次，更無法接受自己內心的期待落空，當失落感太多時，會選擇放棄拒絕再看此直播。

相反的，有些小型直播台，經營以個人為主，直播主就算不賣東西時，也會開直播與大家聊天，在直播預告版面上，也是秀出聊天不賣東西宣告，雖然台性小，商品少，但是，直播主卻能與粉絲建立起信任感，而度過一夜的談話聊天，可能建構出革命情感，把鐵粉套的更牢。

商品「限時限量」的承諾

為了要衝業績銷量，銷售手法採取限時限量，而直播主一喊下去，粉絲們果然狂刷訂單，瘋狂搶購，可是沒多久，限時限量商品又再出現，這時候消費者就會有被欺騙感受。限時限量手法四處可見，衣服、珠寶、車子、房子等，尤其是電視購物頻道上最常見到主持人與廠商代表所說的話術，只是電視購物的檔期有限，或許顧客看到這一檔，到下一檔是錄影播出，心中倒是釋懷。

但直播不同是現場節目，直播主說的每一句話，都會映入粉絲們的心中，因為直播節目流程，他們有參與到，面對限量的商品，粉絲們抱持相信的心態搶購，這檔直播對他們而言，不只是直播，而是一場有參與到的搶購活動。所以，除非真的是限時限量，直播主減少以限時限量

話術去進行行銷，否則顧客要是有真心被騙感受時，恐怕會以真心換絕情的態度，頭也不回的離去。

創造直播主 wow 時刻

直播台非常的競爭，要如何突圍呢？

直播台非常特別，美女不一定吃香！

現在各行行業都能開直播來養粉絲，直播主要打造自己的特色，在這一片的直播經濟中奪得商機。

直播打破距離，打破隔閡，只要想要進來的人，動動手指頭就能進來觀賞，買不買沒關係，愛看就看，說走就走，比進到一家店還自由方便，所以，現在的人，不逛大街改逛網路，為了要留住客源，當然要創新，出奇制勝，創造各種的 wow 時刻。

直播台的 wow 時刻，除了驚嘆，也有訝異！

有直播台賣茶葉，找來辣妹穿著熱褲，開場先秀舞，趴在地上泡茶喝茶給大家看。

有直播台賣海鮮牛排，爬上桌子，蹲在鏡頭前，呼喊粉絲按讚買牛肉。

有直播台賣手錶精品，美女穿著禮服站在直播主後面，微笑做看板。

直播台愈來愈多家，想要吸引更多粉絲進來觀看，衝人氣，勢必推出噱頭。否則平淡無奇的直播台，很難吸引大家進去觀看，尤其是近期新開的直播，粉絲也樂於看到千奇百怪的直播主，展現奇怪的直播風格。

1. 好吃到 wow。最常見的直播台賣零食，就是吃給你看，張大嘴，每一樣零食先幫你嚐過，口感、香氣、味道全說給你聽，說到讓你不買都不行。至於賣海鮮牛排冷凍食品，直播主現場煮起來給你看，一刀未剪的真實烹調，好不好吃立即見真章，雖然有時煮菜的樣子不像大廚，那麼乾淨俐落，但是粉絲們非常買單，因為我們都一樣，主廚的作菜方法，太過夢幻，反而直播主的做菜樣貌，更貼近大家。

賣水果的直播，為了展現水果新鮮脆度，邊吃邊播出咬水果脆聲，真實貼切，咔呲的聲音，簡直就像現場直擊的感受，超吸睛。

吃喝類的商品，最平易近人，最為普遍，所以，有各式各樣直播主，展現方式與感受也大不同，但唯一相同的是，大家看到直播當下時，都不約而同發出「wow！真的好好吃喔！」就是成功的一場直播。

2. 看到什麼「wow」。為了要突圍，也有直播台是反向操作，由男人來賣女裝，有趣的是，甚至直接把女裝穿上身，搭配衣服時的眼光和女生不太一樣，也因此獲得不少粉絲好評。

直播就是一間店，直播主就是銷售員，以自身的體驗感受，來轉述

或示範給顧客觀看，是直播最受歡迎的行銷方式，而顧客的問題也能直接詢問，不必擔心有欺瞞不實的情況。賣服飾的直播主，最普遍的方式，就是穿給大家看，只是進進出出直播鏡頭，會讓中間串場冷場，因此，有直播台直接在鏡頭前換衣服，直播主會穿著小可愛或是運動內衣褲，不過也有很拚的主播主，穿著內衣褲直播換衣，給予極大視覺衝擊，叫粉絲看到都忍不住「wow！這也太犧牲了吧！」

3.「演很大」的 wow。製造話題與爭端，也能讓觀眾感受到震憾力，而留下 wow 驚嘆。如在直播時指名罵人，或是公然評判其他直播主等，直播主罵的愈起勁，人數會愈多。也有直播主是直接罵客人，尤其是碰到流標，跑單的客人，直播主會挑名說明事由，冉由大家一起來評評理，這種感覺就是讓大家站在一起的感受。演的激情一些，直播主哭，大家跟著一起哭，直播主罵，大家也會在底下留言一起罵。

製造話題，製造爭端，通常是演出大過於實際，就算是要與其他台的直播嗆，也可能是講好劇情，雖然台前大家罵的凶，私下卻是講好的戲碼，不過，大家就是愛看衝突，也會對於爭端的發生感到驚奇而出 wow ！

4. 分享禮超貴重的 wow。為了讓大家幫忙分享到其他社團的頁面，直播主會準備分享禮來讓大家抽獎，而隨著直播台愈做愈大，分享禮一個比一個誇張。從禮袋到電視、冰櫃、電動摩托車、金子項鍊等，分享禮愈來愈貴重，同時上線的人數也一再破表，短短一個小時的直播台，有上萬人同時上線，實在很奇特，讓粉絲驚呼連連，wow wow 叫。

　　網路世界無奇不有，全通路的新虛實融合時代，想要贏得顧客青睞，讓粉絲們忠實追隨，就要**把「wow」驚奇變成直播台的固定戲碼**，讓粉絲們期待下一個 wow 是什麼。

打造自己的直播台

如果你要開一間女裝店，開店流程大致是找店面、裝潢、進貨、上架、找員工、銷售。所以，你要在社群上直播賣衣服，你的帳號或粉絲專頁就是店面，裝潢就是直播間的背景，進貨則是貨源，上架及銷售就是直播當下，而你自己就是店長。

直播台最容易入手的部分，其實就是打造一個叫買商品的直播空間，這比當 youtuber 影音創作者更容易上手，完全不用後製剪輯影片，也不用去發想拍片的腳本。尤其現在因應直播產業的旺盛，出現依照下單類型的直播合作通路，流程甚至簡便到只要人到，手機一開就能做生意開賣。

4.1 直播間愈亂，生意愈好

回顧直播發展，很多的直播主，一開始就是一張桌子，直接擺放在店面，或是在公司角落，背後一面白牆，完全沒有任何的裝潢可言，最多貼上公司的招牌背板，然後就這樣開播。

你自己是否真正想過，屬於你的直播台究竟要長成甚麼樣子呢？

現在也有工廠專門提供給直播主到場直播銷售，雙方再以銷售額分潤。（圖片提供：W 新零售直播工廠）

在台灣，直播空間愈亂，生意愈好。原因是消費者覺得在雜亂的空間裡，相對容易撿到便宜好貨。（圖片提供：W 新零售直播工廠）

　　說起社群直播與攝影棚錄製出來的節目，兩者之間有一個最明顯的差異，那就是觀眾看到的畫面。電視機是橫式，畫面較為寬廣，有空間可以放入其他物件，大家也都看的很習慣。所以當臉書一開始推出直播時，大家都在抱怨，應該改成像電視機畫面的橫式，也方便更多商品一起入鏡；但是，在發展直播的第一年時，臉書卻發覺直式的直播畫面，居然能夠吸引更多人觀賞，於是持續延用。

　　回顧直播發展，很多的直播主，一開始就是一張桌子，直接擺放在

店面，或是在公司角落，背後一面白牆，完全沒有任何的裝潢可言，最多貼上公司的招牌背板，然後就這樣開播。其實這種單色系的背景，源自於攝影棚新聞主播概念，起初以為愈乾淨的背景，大家會把眼光注意力放在商品及直播主上，但是，漸漸卻發現，好像不是這麼一回事。

為什麼社群直播的直式畫面反而受到關注呢？

根據研究，鏡頭以直式拍攝，畫面能夠容納人數不多，雖然如此，卻能夠集中在主角身上，範圍可達一個人的高度，非常符合直播銷售的需求，就是要讓粉絲關注在直播主及商品，過度雜亂的背景，反而會失去目標。不過，從直播的性質來分，若是以談話、表演的直播間，就要以做節目的構想去規畫，要有特色，符合直播主的角色及台性，因為賣的商品，就是直播主本身的魅力，例如，音樂表演，要在樂器前，像是練琴室；若是教人做菜的直播最好在廚房；教理財的，最好搭配白板做說明等。

尤其是聊天聯誼的真人直播間，觀眾是先以視覺決定要不要進來，直播間背景愈能衝擊視覺感觀時，愈能吸粉，最好是華麗的背景，感覺像是舞台秀式的，能經常變動更好。而販售商品則大不同，直播現場愈真實愈受歡迎，例如，日用品或食品做直播，只要在盤商的倉庫，就讓人以為，真的買到批發價；食品加工廠則會看到生產過程，很安心；冷凍庫裡直播感覺就是大進口商，才會要冷凍庫。也就是說，賣東西的直播間愈真實，業績愈好。以消費者心態分析，在店面的東西、商品，勢必會比工廠貴，畢竟有店面的成本壓力，價格、數量有限等等。但是工廠是貨源，第一手的價格感覺比較便宜。簡單來說，就是真實感。在這

個特性下，直播間的安排，可利用貨品的陳列，堆放來架構。

先求有再求好，輕鬆架設直播台

坊間設立直播間的方式目前有兩種，第一種就是自己設立直播間去批貨回來後，以貨架做為背景進行直播。這種方式比較簡單，而直播主的利潤較高，只是前置作業需要成本較高，找地方買貨架、批貨、拿樣本等，還得自己出貨，處理客服等。

另外一種則是廠拍，就是直播主帶著器材，到廠商的公司裡進行直播銷售，這種方式與廠商合作，通常必須累積一定的粉絲聲量後，工廠

比較小型的直播台，會以貨架陳設做為直播間的背景。（圖片提供：W新零售直播工廠）

才會願意合作。至於利潤方式依出貨的營業額抽成，不同的商品，因為利潤空間不一樣，而有所差異，其中，零食餅乾的利潤最少，反倒是精品、手錶、生活日用品等商品的利潤較高。現在也有因應直播主而衍生出來的直播工廠，專為直播主所打造。直播工廠設置大大小小不同直播間，燈光背景都設置完成，商品也準備好，只要直播主帶著手機來開播即可，非常適合剛投入直播新人來合作，只是直播工廠合作抽成方式，則依直播主的粉絲人數而有所差異，當然人多訂單數機會多，自然抽得高。

所以，現在直播賣東西真的非常方便，甚至比開實體店鋪還快，成本更低，遑論開新店面也要累積客戶，這跟直播台累積粉絲群同樣道理。所以，與其砸下重本，去開設實體店面，還不如開始直播來養粉，等到累積一定的人數族群時，就會有許多廠商上門來合作，屆時你的直播店也不用再侷限賣單一性質商品，反而都能像是百貨公司般的多樣化。

4.2 掌控直播三階段，訂單不用愁

> 直播就像開店做生意，不能想開就開，想賣就賣，要有企畫、目標、做法，無論是小型直播間，或是大型的公司等，只要建立起流程，耐心的往目標去做，直播間自然就能養粉成功，賺進大筆訂單。

直播流程安排要經過企畫，例如購物專家俞嬿每回直播前一定親自與廠商開會討論。
（圖片攝影：許湘庭）

說起直播流程安排，大致分為三個主要階段，直播前企畫，直播中的準備，直播後的安排檢討。每一階段都是由許多細節工作組成，準備的愈精細，現場播出時愈順利，面對突發的狀況，也都輕鬆應對。

第一階段——
事前企劃，沙盤推演

首先是直播前的企畫，這一階段要先確認直播的目標，設定目標訂出後續的計畫，像個人表演直播主為例，目標就是希望得到更多人關注及贊助，這是主要收人來源。而銷售商品的直播主，就是希望把商品成功銷售出去，營業額愈高愈好，人氣愈多愈好。待目標明確後，開始企畫朝向目標的方式與內容；表演

型直播主應先找出自己最大特色，設定每一次開播主題，撰寫腳本內容，包括主題、開播時間安排、相關道具、參與來賓等等。

　　腳本不僅可以讓直播主知道節目內容的方向，避免脫腳稿演出外，也可讓粉絲知道這集能夠看到或聽到的相關內容，有興趣的就會追蹤，時間一到進來觀看。至於銷售商品的直播主，則應該清楚知道，在這一檔直播時間裡，要賣的商品，包括商品特色、數量、成本價、直播價、組合、話術，如何展示與表演等等，可擬出商品表，確認流程的完善與否。

第一階段
（直播前）
- ●訂定目標
- ●腳本 VS. 商品表
- ●工作分配（直播主、小幫手）
- ●現場道具布置安排

第二階段
（直播中）
- ●時間流程管理
- ●粉絲互動回應
- ●催單提醒

第三階段
（直播後）
- ●直播過程檢討
- ●客服售後服務
- ●出貨

　　無論是表演型或銷售型，都可以依照開播的時間，依序排出每一檔的主題，並擬定腳本與商品表，外界以為直播內容都是現場即時性，其實，仍須事先有所規畫，否則開播中途很容易突然冷場，或是詞窮説不出話來，有腳本才能確保直播內的豐富性，而要是超出腳本外的更好表現，則更加分。

　　此外，為了讓過程顯得熱鬧多元，可以準備一些小道具，像是白板可以書寫，或是漂亮的小道具做為展示，這些都能為主播間加分。

　　直播的過程中，有一個錯誤一定要避免，就是直播主離開鏡頭，出現沒有直播主的畫面，要記住進來的觀眾，只有 8 秒鐘的耐心，當他們

直播腳本參考範例

內容	鏡頭	道具	說詞	時間	備註
最迷人星座票選	直播主＋星座專家	字卡＋占星表＋白板＋白板筆	1. 最迷人星座票選，投者可抽獎讓老師免費算命盤（60） 2.…… 3.……	10 分鐘	＊提醒按讚搶先看 ＊拿道具

商品表參考範例

項目	商品	成本	直播價	總數量	組合	時間	話術，道具
1	洗衣球	6	99 ～ 70	1,000 顆	10 顆一組		獨家配方
2							
3							
4							
5							
6							

看不到直播主，或是聽不到他們期待的內容時，大家多半會立即滑開手機，離開直播間。

　　無論是腳本或是商品表，就是這個直播節目的流程表，參與其中的每一個工作人員，包括直播主、小幫手、工作人員等，都該明確清楚知道流程安排，大家各盡其職去做好工作，才能達到完美演出。

第二階段──專心演繹，按表操課

　　正式開播時就進入直播的第二階段，此時，直播主就得專心面對鏡頭，依照腳本或是商品表安排去進行流程，此階段三大主軸工作，包括時間安排，粉絲的互動回應，以及達成目標的催單提醒。

　　直播主面對鏡頭，記得隨時要跟剛進來直播間的粉絲們打招呼，讓他們覺得倍受禮遇尊重，千萬不要忘記招呼，這點是開播當下最重要階

段，這樣才能留住他們。有時直播主忙著介紹商品，小幫手可協助問候提醒，直播主再順勢問候。

介紹商品後，一定要不斷提醒結單方式，或是贊助方式，這是最重要，因為收入來源得靠這一部分，不停提醒也是教育粉絲們，不要只是觀看，而該以行動支持直播主。

第三階段─事後檢討，客服到位

第三階段就是直播結束後的檢討，惟有每一檔的檢討，才能更加進步，尤其是以表演型的直播主，一定要回去看自己直播的錄影畫面內容，並進行調整與修正。

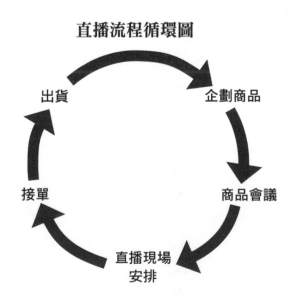

直播流程循環圖

出貨　企劃商品　商品會議　接單　直播現場安排

　　表演型主要的焦點在直播主身上，惟有讓內容更加進步與精彩，才能讓粉絲有所期待。至於商品類型，除了檢討流程安排外，客服及出貨也很重要。

　　直播客人的特性，很多是被當時的氛圍而衝動下單，等到激情過後時，才知道有很多問題待詢問，這時候客服的應對很重要，而且出貨的速度方式等等，都是讓顧客是否會成為粉絲的重要關鍵。所以，客服的小幫手，一定要清楚所售出商品的內容，以及態度等，好的客戶將可為直播台加分。

4.3 直播間的五大要點

直播間就像是直播主的舞台表演場地,與直播主之間有著相輔相乘的作用力,所以,一定要好好安排與建構,千萬不能草率。剛開始投入直播的新人,不要急著買一堆設備,先從基本配件開始,只要掌握住五大原則,讓直播鏡頭不失真,呈現最真的一面時,就能開播做生意。

　　嚴格說來,直播主開播時其實有五個關鍵點必須注意,只要精控這幾個要素,大家根本不用發愁沒訂單。至於這五大重點分別是:

1. 鏡頭畫數要夠,鏡頭可真不可糊:鏡頭畫數不足,畫面容易出現

打造自己的直播間並不難,只要備妥基本配備就可以開播囉!(圖片攝影:許湘庭)

失真、變色、模糊等情況,鏡頭失真大家無法看清楚時,如何下單買東西,所以,鏡頭的畫素最為重要。不過,鏡頭也不可矯枉過正,過度的使用美肌效果時,會讓粉絲們失去信任感,大家會覺得被騙,相對也就不信任直播主所說的一切。所以筆者建議大家不妨準備高畫質數位手機,確保鏡頭畫素夠清晰。

2. 燈光要足,直播鏡頭前光線要充足,避免昏黃暗沉:因為這樣只會把整個現場氣氛弄得很詭異,很奇怪,所銷售的商品也會呈現不佳的狀況,所以,一定要找燈光足的地方直播,或是直接加裝燈具也可以。我建議大家可以加裝柔光燈,從左右中間,要避開陰影,開播前一定要試看看光線最佳投射處,切忽開播後再來調整。

3. 鏡頭要穩,要用腳架,畫面可動不可晃:粉絲與直播主的連結,全靠著手機的畫面,要是鏡頭一直晃動,看的人會覺得頭昏眼花,怎麼可能看清楚直播主及商品呢。所以,直播的鏡頭有時因為挪動場地,或為了展示商品而需移動時,畫面可動,但不要晃,一晃動,鏡頭全糊掉,大家看得也昏頭,很快就跳出直播間。我建議大家可用腳架,移動時連同腳架一同移動,掌鏡人手要穩,要事先練習掌鏡,移動情況等等。

4. 訊號要穩定,斷線重開犯大忌:開店最忌諱營業時間的當下,突然跳電、停水,造成無法繼續營業,讓客人敗興而歸,開直播也是一樣,最怕是斷訊,那就等於停電,浪費先前所有的舖陳及號召的動力,粉絲的熱情,會從高點突然降到最低,無所適從,也會失去耐心而離開直播間。我建議開播時,網路頻寬要足夠,最好要二家以上的網路,避免遇上一家當機,另一家可以隨時銜接上。

直播時收音很重要,因為這是直播主與粉絲互動的方式。(圖片提供:許湘庭)

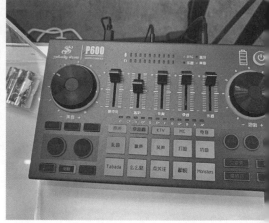

直播時的音效控制,可以用來炒熱現場氣氛。(圖片提供:許湘庭)

5. 收音要清晰,聲音可大不可吵:手機直播畫面不像電視節目裡,大又有配字幕,所以,就算聽不到聲音也能用看的,直播的畫面小,又沒有字幕,這時候收音品質不佳時,就讓粉絲聽不清楚,直播主說什麼,想要傳達什麼,賣什麼東西等等,在聲音不清晰的狀況下,容易造成誤解及糾紛。這時不妨加裝收音麥克風,或是找安靜的地方直播。

直播基本配備,就是一支能夠上網的手機就能夠開播,所以,若想開始投入直播主的行列,新手建議可以開直播請朋友來看觀看,以做為練習,一來看看畫面的呈現,收音狀況等,二來,也能熟悉直播的流程與畫面。專業就是把事情做好之後,重覆的去執行,從中學習更多的細節後,逐一去修正。

直播時所要基本配備包括:上網手機、網路 wifi、商品、白板、招牌背版、燈光、音樂、小道具、計時器、出單機、直播系統等等。這些

千人直播台的設備要求更高,才能支應千人同時上線的流量與訊息。(圖片提供:許湘庭)

直播時的畫面監控可以確保直播時的狀況,及時反應。(圖片提供:許湘庭)

設備可以隨著直播間的大小慢慢添補,無需第一時間全部備齊,一來造成過重壓力,二來也可能會浪費。

4.4 直播現場的注意事項

> 開播時的直博主，角色就像是正在臺上演戲的男、女主角，一切都是無法喊卡重來的⋯⋯，因此，許多在開播前就要注意的事情，甚至是直播過程當中不能遺漏或犯錯的地方，樁樁件件都需要預先沙盤推演過才行⋯⋯

　　直播就是一場現場的 live 秀，不能 NG 重來，所以很多細節也要隨時注意與修正。

直播主 + 小幫手

　　鏡頭前的直播主須保持一貫的風格，介紹商品又要與線上的粉絲互動，還要注意現場的狀況，有時不得不出鏡頭，或者遺漏一些細節。因此，建議直播初期，也以二人合作為主，直播主與小幫手互相搭配支援，共同演出一場完美直播秀。

　　小幫手的角色很重要，直播當下，直播主不方便出鏡頭做的事，全都得由小幫手協助，像現場缺了什麼東西，隨時補上去，小道具、商品說明等，線上客人發問，有時被忽略了，小幫手幫忙提醒發問，再由直播主一起回覆。小幫手的角色，可以與直播主一問一答，一搭一唱，感覺熱鬧許多。

　　此外，小幫手也會幫忙調控節目節奏，當時間到了該換檔商品時，

一場成功的直播，必須要有直播主與小幫手們的互相配合，才能呈現完美演出。（圖片提供：滿口香美食直播）

可利用白板寫出提醒文字，讓直播主專心介紹商品，也不會讓節目沒跟上流程。而最重要催單部分，當直播主把價錢及組合喊出來時，就要提醒客人，直播台的下單及結帳方式，這時候可以讓直播主休息喝水，由小幫手來說明結單及分享方式。直播主與小幫手互相支援，否則一檔節目二小時播下來，直播主恐怕太累了。

直播鏡頭距離

直播的鏡頭與直播主最少要隔著 1.5 ～ 2 公尺距離，以免太近會造成鏡頭全壓在直播主臉上，反而商品顯得太小而失去焦點，讓觀眾有不好感受負面效果。另外，鏡頭角度也很重要，不要由下往上，會發現直播主以鼻孔示人，最佳角度是略高眼睛視野，如此直播主的眼睛能夠看

著鏡頭，讓觀眾會覺得直播主在與他說話。

鏡頭的燈光，可用冷暖燈系交替，不要打在直播主臉上，太亮了會顯得太過蒼白，但太暗東西看不清楚，讓大家失去興趣。而若是為了展示商品為主，建議以大片的補光燈，才能擴大範圍。燈光位置在開播前，應該透過手機畫面來看效果，並且進行調整，若是直播主與商品二者的燈光取向，應該以商品為主。

直播時記得與鏡頭保持 1.5 ～ 2 公尺的距離，這是直播主與粉絲們最理想的安全間距！（圖片提供：Anna 女神）

背景聲音、音樂

直播時，為避免節目太過冷清，可以播放音樂來做為襯底，調和現場氣氛，挑選時要注意音樂節奏，不同商品類型及直播台，適用不同的音樂風，當然，直播台的特色，包括背景、直播方式、音樂等都包含在其中，因此，可以讓粉絲習慣你的作風。

若是現場太過吵雜時，則建議要以麥克風來收音，才能讓直播主的商品介紹的說明，讓大家聽清楚。而聲音的音量要隨機調整，用麥克風時，聲音可能會黏在一起而聽不清楚，所以，愈吵的地方，直播主說話咬字要更加清楚。

現場突發狀況

　　直播就是現場節目，大家要看就是真實的一面與狀況，所以，若發生穿幫或是非預期狀況時，依舊持續直播下去，不必中斷，可由小幫手或工作人員協助，說明發生狀況原因內容等等，其實，看直播最過癮的地方，就像是與直播主同在一起的感受。

　　如同有些直播台，開播時碰上有客人在留言版上，表達對公司不滿等。這時候直播主會把事件直接拿到直播現場來，與大家一同討論，這時候粉絲們開始給出意見或是鼓勵打氣等，大家參與其中，成了事件一份子。所以，直播時任何的狀況，都不必突然離線去處理，反而是持續開播下去，更能受到肯定與歡迎。

4.5 直播主的說話技巧

> 「動人演說贏的是態度,並非言辭。你就是你,是獨一無二的,不同於這個世界中的任何人,你必須將這一點傳達給觀眾。」
>
> ——全球知名激勵大師|阿爾伯特・哈伯德(Elbert Hubbard)

要開播了喔,卻緊張到說不出來話來,腦袋一片空白,結結巴巴說不出一連串的句子?沒錯,很多人都是這樣開始的,不要擔心,只要把上台的技巧加以練習運用,順利開播後,接下來就能一帆風順了。

丟掉規則,發揮熱情

有過這樣的經驗嗎?上台演講,或是做什麼事前,都會被一些規則所困擾,心中擔心達不到規則而感到害怕恐懼,那時候滿腦子都在想,要遵守規則,不能漏氣,好擔心直播會沒人看,東西賣不出去怎麼辦等等……

別擔心,這些心中的小聲音,每一個直播主首次開播時都有過,所以,你百分之百適合當一位直播主。

至於規則,全部丟掉吧!因為別人的直播規則,會讓你變得更糟糕,把你困在框框裡,充其量成了機器人,自己不開心,也會失去粉絲的支持,記住,直播沒有規則,就只有去做吧,用你的方式,做自己的直播主。

觀眾要看的是直播主的熱情，而不是沒有靈魂的人。大家寧可看到是熱情，不矯飾努力的人，而不是油嘴滑舌沒有靈魂的直播主。發揮熱情與真性情，才能具備超強吸粉力。

反覆練習，口條流暢

說話應該是大家最熟悉的事情，但是，為什麼有時會說話不順結巴的情形出現呢？那是因為沒有口說耳聽的練習。

記得學唱一首歌時的情況嗎？邊聽邊唱邊學。

記得小時候學說話的樣子嗎？媽媽說，小孩先聽再跟著說，一字一句的學。

說話的技巧，要靠嘴巴及耳朵的搭配。如果你沒有試著把要說的話，練習說出來，耳朵去聽，等到真正上場時，就會結結巴巴，亂無章法。如同一首歌詞，若你事先沒有先練唱過，能詞曲搭不起來。

除了結巴外，你可能會漏詞。因為沒有練習大聲說話，一上台就成了一場混戰，重要的事忘了說，不重要的事亂扯一通，加上旁邊的雜物及聲音，會把思緒攪的更亂。所謂即興表演，也是經過大量思考與大聲練習才會成功，零秒準備的完美演出，那是天才，就連地才蔡依林的完美演唱會，也是經過多次練習而來，因此，直播主的說話，必須事先準備，大聲說出來的練習。

　　無論面對鏡頭或是群眾說話，大家心中必然會有恐懼，但練習有助駕馭那份恐懼，沒人敢說，練習會讓恐懼完全消失，但愈常練習，恐懼就不可怕，反而是你能夠駕馭。

製造驚喜的開場秀

　　直播開場要製造驚喜，像是以問句做為開場，因為人是比貓還好奇的動物，問號的力量真的很大，例如今天你想要吃什麼？猜猜看今天的大來賓是誰？你相信嗎？我只吃一樣東西就瘦了 3 公斤。

　　除了開場驚奇外，在說話上頭，幾個部分要注意：

　　1. 咬字發音清楚。說話的咬字可以透過練習，變得清楚，在開播前，最好要動動嘴巴，讓周邊肌肉伸展，可使發音說話更靈活。

　　2. 音量要忽大忽小的音頻，吸引注意力及增加樂趣。音量大小絕不是鬼吼鬼叫，或是小聲到叫人聽不清楚，而是配合直播流程，當要大家注意事項時，就要提高音量，若是表達情感，則可以變得感情輕微。用聲音的音量做出情緒表達，也能讓粉絲注意力集中。

　　3. 語調忽高忽低的運用，讓說話也能像唱歌好聽有趣好玩。配合現場的節奏，來調節現場氣氛，像是結單，希望大家支持就要快快的催單，但若是介紹商品特性，就得慢慢、重覆的說話。

　　4. 舒壓的呼吸。你容易在開播時因為太過緊張而說不出話，喘不過

氣來嗎？那就去動動手腳，伸展搭配深呼吸，事先調節好呼吸後，會讓人聽起來感受舒服，而不會有斷氣感覺。

5. 留白。 説話的留白就是沉默，因為有時現場會忘記、卡詞等，説不出話的時刻，這一刻你可以用嗯～，啊～，或者笑聲等方式來填補空白處，記住一件事，沒人知道你發生什麼狀況，所以，就裝成沒事般的留白。

開播內容、流程的建議

一開始不熟悉流程，可以參考，等到開播累積經驗後，就能設計一套專屬自己的流程安排。

1. 五分鐘的開場邀請： 不喜歡被推銷是人的本性，看直播也是一樣，給自己和粉絲一點時間「博感情」，先閒話家常，歡迎大家進入直播間，並邀請朋友們按讚分享。例如先做一下自我介紹或聊聊今天的直播主題都好。開場時先聊天談心，預告今天直播時會出現的精彩內容，讓大家心生期待並做心理準備，要看多久的直播。

2. 人數進來後，開始進行主題內容；記得要段落分明，不要糊在一起。 通常一件商品，從介紹到催單掌握在 6~10 分鐘。因為大家都是沒有耐心與時間，催單的目的，是提醒有興趣的人快買，也讓沒興趣這檔商品的客人知道，下一檔商品很快就要上了，千萬不要離開喔。

3.「稱呼」既可消除陌生感，還能拉近距離。 直播主與粉絲基本上

不認識，只在直播台上見過，這時候第一句話的稱呼很重要，直播台習慣以「大大」稱呼粉絲，代表大哥大姐。你也可視直播商品鎖定的目標客戶決定稱呼，例如：賣海鮮食品的客戶族群，一定是以女性、家庭主婦為主，可以稱呼客戶「媽媽」或「阿嬤」；若是精品手錶為主的商品，建議以「帥哥」、「美女」等去應用。

4.「**關鍵字**」**法則。**看直播的人不會一開播就進來，所以，重點要重複說，利用關鍵字法則，可以加深觀眾印象，並提高下單意願。例如：「不買會死」，直播主用誇張字眼，來解說商品的性價比之高，「不買會死」；出去比價，價格便宜到「不買會死」，或這一檔賣完為止，沒搶到你會氣死，「不買會死」。光聽這樣的洗腦關鍵字，真的會叫人不買不行。

5. **結單方式。**直播銷售最重要結單，才有錢賺。要把公司產品及服務，結單方式等，要列入固定時間必播必提醒的排程中，經常提醒成為大家的日常。

互動是直播的優勢。

大家最愛看的部分，要即時互動。只要看到有人進來直播間時，就點名問候，那會讓人感覺是倍感重視。客人的問題要立刻回答，千萬不要最後一起回，發問人沒耐心，等你回答時可能已經離開直播間。善用刷關鍵字互動，分享抽小禮物，增加曝光量，也會讓粉絲們有參與感及樂趣。

直播台瘋神榜──
他們憑甚麼吸睛？

台灣的直播平台大大小小加起來超過三千台，有大台小台，也有區域台及跨縣市台，甚至有來自國外，如東南亞或是中國大陸對岸的直播台，由此可發現，直播台的領域範圍非常廣，群眾也不同，這也是各個直播台的立基點。

不過，這些直播主各有各的特色，有其擄獲粉絲，讓其死忠追隨的原因，而從下列不同產品屬性及台性大小的特性下，你能夠驗證前面幾章所談到的特色與重點，藉此更進一步了解直播運作。

活體寵物直播第一人，萬珈維專業征服粉絲

有間水族寵物會館

全台灣第一個天上飛地上爬水裡游都賣的活體寵物直播主萬珈維，從一個門外漢靠著想賺錢養家，以 3 萬元本錢，打造出千萬的寵物公司，自己從國外報關進口野生觀賞魚回台，直播界第一個從場地進口到末端售出一手包辦，雖然過程中還經歷國稅局查稅、動保局查驗、農委會稽查、保七總隊搜索等單位的查訪，最後他憑著貓狗絕對不賣、保育類不賣、寵物來源絕對正常合法，站在消費者的立場來開價，賺自己該賺的利潤，秉持著毅力及專業，擴展粉絲，只要一開播，人數就達千人在線觀看，影片觸及率高達 20 ~ 30 萬人點閱，被封為「寵物直播教主」。

基本資料

直播台帳號	有間水族寵物會館
開台時間	3 年
主打商品	進口野生觀賞寵物、鸚鵡、珍稀寵物、寵物相關周邊商品
團隊人數	15 人
直播間坪數	40 坪工作室
工具	手機、腳架、兩側柔光燈、展示直播桌、大螢幕、双鏡頭、OBS 系統、音效卡等
個人特色	專業、教導粉絲養寵物技巧，掌握市場價格，反向控盤，以量取勝。
績效	單場直播 310 隻鳥、2 噸水族培菌石、400 組福箱、千瓶水族藥水
上線人數	4,100 人

　　投入直播三年，在此之前，「有間水族」寵物會館就已在經營電商平台及粉專、社團，後來，在網路變遷、直播竄起下，方才決定透過直播，提高曝光率，導入新的客人增加業績，讓客人更快速了解魚類寵物，以及相關的飼養問題。

　　一開始由萬珈維親自下場直播，記得第一場開始時，粉絲上線人數就有大約 200 人，全都歸功在平日經營粉專、社團的功勞，萬珈維建議有心想要投入直播行列，先從自己個人臉書帳號開直播，從和朋友的對談練習開始，否則，突然要對著手機說話，大多都會不知所措，不知道要說些什麼。雖然面對鏡頭時不會膽怯或說不出話，但仍有很多技巧需要用心學習，像是如何吸引粉絲增加曝光率，讓客人們進來看直播，在直播過程怎麼催單，讓客人買單等等，方方面面都有著深奧技巧在其中……。

　　「坦白說，最初我也不知道其中的「眉角」，身邊也沒有做直播的朋友，於是就跟當初學習水族知識的方法一樣，先找相關文獻，再去看別人怎麼直播，不懂就是要學，更不

有間水族寵物會館的直播間，設備先進且完整。（圖片提供：萬珈維）

用怕別人笑，只要用心，不怕學不會。」

萬珈維表示因為販售商品比較特殊，無論是鳥類、水族、寵物等皆是，故而很多粉絲在剛開始接觸時總是問題一大堆，但他並不會因此降低服務品質，總在直播時就會告訴粉絲們，他會預留時間給大家發問，但現在先讓他賣東西賺錢喔。

而在直播結束後，他也一定會另開工商服務時間來直播，專門與粉絲們聊天，解答所有相關的疑難雜症。經過幾次實驗後，粉絲們相信也知道他的習慣，要是碰到新朋友上線來，不懂規矩急著發問時，粉絲還會主動去糾正，完全不用萬珈維出手，而這就是好好教育粉絲的重要性。

直播主的工作不只是開播賣東西，更重要是教育客人，讓他們懂得上線時的禮貌與規矩，否則只會在這裡製造麻煩，到了別的地方也會是麻煩人物，所以，惟有教好客人，大家的直播經濟才能更加繁盛。

直播技巧很多，那都是做生意的手法，但萬珈維覺得更重要的是，若想長久經營自己的直播台，讓粉絲願意持續跟隨，那麼以下幾件事千萬不要做：

（1）**銷價競爭**。這只會害死整個產業，吃力不討好，以他自己來說，絕對只賺該賺的利潤，絕不會想要用暴利出售，把粉絲一次全嚇跑。

（2）**攻擊同業及挖牆角**。這也是萬萬做不得的事，他便曾在直播時遇到利用別人帳號進來看直播後再私訊他的客人，表示願意賣給他們相

似商品。但幸好自己的客人不買帳，為什麼？就是因為大家害怕買到贗品，更相信我的專業及價格，所以遇到這種，甚至還會很氣憤地跑來跟我告狀。

（3）絕對不賣 A 卻出 B 貨。 這是業界裡最犯忌的事，客戶會嚇跑，從此不再回頭與信任，業界也會有不好的風聲，所以千萬不能做。

萬珈維一開直播，就有上千的粉絲跟隨，許多粉絲已養成觀看習慣。（圖片提供：萬珈維）

直播讓萬珈維的公司，從台南地區的水族公司拓展至東南亞，記得出國去看寵物時，他還曾碰到會說中文的司機主動表示看過「有間水族」的直播，甚至還說，好幾次自己真得想喊單買下去，只是，國外送貨不容易呀⋯⋯。

直播未來的商機，肯定會隨著運輸與金流的順暢而朝向無國界邁進，這塊大餅只會越來越大，但直播主也千萬別忘記要思考，如何增加自己的競爭力，拓展販售商品種類與形態等，絲毫不可懈怠。至於他，未來則是計畫朝向品牌化的方向經營，預計會陸續開發更多周邊商品，畢竟在得到大家信任後，萬珈維認為自己更有責任要為粉絲們謀取福利，提供能讓生活更美好的商品才是。

吸睛五四三

專業及特色，維持直播台的品質

有間水族的商品，極具令人驚艷的 WOW 特色，讓人看了好奇容易被吸引，再加上直播主萬珈維懂得與粉絲先建立連繫，讓大家知道自己的專業後，吸引粉絲跟隨，教育客人直播時的規矩與習慣，形成個人直播台的特色，在商品上也強調品質價格的一致性，獲取粉絲信任，另外，開立工商服務時間，強調客服與粉絲建立情感，進而實踐 5A 的行銷循環，粉絲會主動去分享經驗，去推廣規矩，而形成最完整的顧客體驗方式。

5.2 卸下「購物台一姐」光環，5 人直播團隊月營收破千萬

俞嫻

當年曾在電視購物台拿下單日千萬業績的俞嫻，放下「購物台一姐」的光環，選擇要陪伴女兒的成長，留給孩子更多時間，轉戰自己的粉專經營直播台，強調真誠與親切，視粉絲為家人般，對於一個完全不懂網路資訊，不懂 3C 的媽媽來說，全新的開始，也創造她不同的人生。

基本資料	
直播台帳號	俞嫻
開台時間	3 年
主打商品	精品包百貨、生活日用品、健康食品
團隊人數	5 人
直播間坪數	15 坪工作室
工具	手機、腳架、兩側柔光燈、展示小桌
個人特色	把粉絲當成家人，凝聚眾人力量，主打自己也會用的商品並且強力把關品質，直播節奏舒緩，標榜在輕鬆氛圍中傳授大家商品知識，以及快樂購物。
銷售紀錄	防彈咖啡一檔五天內，加總銷售近 9,000 盒。 冰晶粉底 550 組，一天完售。 膠原蛋白，一天 700 盒（180 萬業績）。
上線人數	150 ～ 400 人

購物台一姐轉型成直播主,俞嫻很滿足
現況。(圖片提供:俞嫻)

　　2013 年是俞嫻與女兒最難熬的一年,卻也是讓她們人生變化最大的一年。當時的俞嫻,帶著女兒潤潤到北京去進行罕見疾病「異染性腦白質退化症」的治療。

　　回想那段時間,孩子生病了,讓俞嫻體悟許多人生道理,以及思考人生的下一步;過去的她,為了要賺很多錢,雖成為購物台一姐,卻變成不及格的媽媽,給予女兒潤潤的陪伴太少了,所以,當女兒治療回來時,俞嫻決定要陪伴孩子一起成長,為此,她在 2017 年正式辭去購物台的工作,投入個人的直播台經營。

　　當時的俞嫻,對於網路社群 3C 完全不懂,經營粉絲及直播台更是很大挑戰,在團隊伙伴的鼓勵教導下,開始經營粉絲頁,因為要先讓大家知道,俞嫻的粉專並進來按讚,衝出人數後,才能順利開播。

　　記得那時候,俞嫻一直跨不出第一步,因為根本不知道該寫什麼內容,心態上似乎還有著過去負面記憶存在,像是「為了要炒作才 PO 文」、「購物台一姐用孩子的病炒作搶業績」等等。就這樣一直沒有 PO 文分享。直到團隊說了重話,問她:「再這麼下去,可能一年內都沒有收入,你與潤潤的生活怎麼辦呢?」是的,為了自己和女兒潤潤,俞嫻決定不再

封閉退縮，必須面對及接受，改變與前進。於是決定直接正式的面對粉絲，首篇 PO 文便告訴大家：「我失業了，目前沒有工作，需要賺錢有收入，所以準備來做直播台，希望大家能夠支持我！」

俞嫻原本還很擔心，怕會引來大家的酸言酸語，想不到大家給予的回應相當熱烈，甚至讓她們母女倆感動到眼淚直流，那一篇坦白文，引起網友熱烈迴響，俞嫻收到近千個按讚數及留言，全是鼓勵與支持，讓她開始有了自信心。於是，俞嫻開始挑選商品，幸運的是，過去曾經合作過的廠商，也主動找上門來，而開播的第一檔商品就是內衣。

記得開播前，俞嫻好擔心沒人來觀看，沒人下訂單，加上不曾直播過，當下心情可說慌亂又緊張。後來開播後的觀看人數約 80 人，還都是購物台的同業，整顆心頓時涼了一半……，心想：「慘了慘了，人數少又都是同業，這會有訂單嗎？」但萬萬想不到的是，直播結束後，竟然收到了 40 筆訂單，轉單率高達 50%，連廠商也嚇了一跳，那一晚，整個團隊，人人都開心不已。

幾年時間過去了，大家愈做愈順手，因為是自己的頻道，在挑選商品上可以更加嚴格把關，沒有人情及業績的壓力；加上團隊分工合作，人事成本也低，所以在價格及品質上更可充分把關。

而談到俞嫻的直播台風格，她始終強調，與家人分享好東西。舉例來說，由她推薦的商品一定要試用，用過有效或真的好吃才能上檔開賣，尤其是吃的東西在價格上更要強調優惠合理。因為依照過去經驗，廠商為了支應購物台的費用，總會抬高商品單價或降低商品品質。如今，這

些問題不復存在，因為俞嫻堅持自己與團隊能夠做好把關的工作，所以，大可安心介紹商品給顧客。

經營三年的直播台，粉絲們已和俞嫻建立起「家人」一般的情感，她總是習慣在開播時跟大家呼喊：「家人們，我們要開播了，快回家喔！」而討論商品時，顧客們也會很直接地發問，即使再直白的問題都曾讓她碰上，「家人」也會主動告訴俞嫻想要買什麼東西，「敲碗」要她去找廠商，尋覓好貨與優惠價。

始終堅持是賣東西給「家人」，所以大家互相支持與信任，為此，俞嫻嚴格把關，要求團隊不能一直挖「家人」的錢，所以，同質性高的商品都會間隔一段時間之後才會再出現，就是絕不讓家人多花一分冤枉錢。

與粉絲之間，因為像是家人一般坦誠，所以在進行商品說明時也不需要用假資料，也不需要藝人來站台，簡單地說，就是平民化的直播台。

俞嫻記得曾在路上碰到粉絲主動趨前來說了一句：「我是你的家人！」當時的她眼淚立即掉了下來，原來真的有家人，我們真的是一家人。所以，有些時候太忙，沒空化妝打扮就急著開播，那時的俞嫻就是素顏，一身居家服的

俞嫻的直播間，就是一間小套房，還能創下可觀的營業額。（圖片攝影：許湘庭）

裝扮，但即便如此，俞嫻也知道沒關係，因為來的全是家人。

走過直播三年，每星期固定開播三天，人數維持在 150 人左右，之後，影片會保留到商品數量賣完為止，每個月營業額都在穩定成長中。現在還在努力的尋找商品中，粉絲人數已經擴大到東南亞地區，所以，為了家人的福利，俞嫻期許團隊，大家一定要更加努力。

吸睛五四三

直播主俞嫻的三感，吸引鐵粉追隨

在俞嫻的直播台裡，可以看見的是直播主給予粉絲的「三感」，真實感、親切感、信任感。愈嫻直播沒有很大的直播間廠房，也不會激動的吶喊價格，取代是一般的小客廳及簡單的設備，與廠商肩並肩的坐在鏡頭前，聊天說地談商品，伴隨哈哈大笑的笑聲，彷彿就在自家客廳聊天般，這就是真實與親切感的最佳展現。

俞嫻在推薦商品時，總以自身的體驗經驗去分享，展現出來的是吃的享受，用的效果等，強調商品一定是經過本人試用過後才推薦，加上商品從品質、數量、價格、上檔期限等多項把關下，讓粉絲多了一份信任感，俞嫻光是憑藉這三感，成功吸引許多鐵粉追隨。

5.3

工廠轉型直播間，「直播教父」葉議聲 0 元商品衝人氣

W 新零售直播工廠

原本只是想要工廠裡的庫存品出清，才會開直播銷售，想不到效果非常的好，葉議聲採取商品零元的銷售策略，讓他在業界一站成名，從臉書開發直播時，就開始投入，經歷草創、試驗、市場測試、建立口碑後，開始訓練直播主，並再創直播特賣會形式，讓銷售成績不停成長。

基本資料	
直播台帳號	W 新零售直播工廠
開台時間	4 年
主打商品	行車紀錄器、生活百貨全系列
團隊人數	3 名直播主 +30 名員工
直播間坪數	3,000 坪廠房
工具	手機、燈光、直播舞台、貨架展示間
個人特色	以商品零元創下開台首日千人上線紀錄，創立直播工廠，跨領域直播間交流合作，訓練直播主，舉行直播特賣會，結合虛實通路，創立新商業模式。
績效	年營收 9 位數
上線人數	3,000 人

葉議聲的本業是做行車紀錄器代工廠，舉凡台灣市面上有品牌的紀錄器，大多出自他的工廠，只是代工真的沒什麼利潤，加上市場競爭多，業績愈來愈差，大約四年前開始，葉議聲就開始覺得似乎該轉型了……。

由於過去不曾直接接觸過顧客，所以當他看到有人在直播台賣藝術品，大家使用競拍的方式進行銷售，葉議聲靈機一動，決定在臉書上用拍賣直播方式，出清自己工廠裡的庫存品。

記得第一次試播時，因為價格幾乎都是破盤價，吸引不少人上線

葉議聲從行車測速器代工廠轉型成直播教父，拓展出更多商機。（圖片提供：葉議聲）

競標，創造意想不到的營業額，突然間，葉議聲發現直播肯定是未來的一大通路，於是，他開始思考直播通路的經濟模式。

正式投入直播通路時，葉議聲知道第一標非常重要，要嘛一戰成名，才能吸引粉絲客人追隨，要不然大家就會變心。於是，他決定首標就以市價 500 元的行動電源做為分享禮—只要分享就送。這個促銷策略的確奏效，當下吸引上千名的粉絲同時上線，也正式打響「W 新零售直播工廠」的名氣。

雖然強打「0 元商品」策略，但運費得自付，固定的運費多少貼補商品成本，也讓客戶有了買更多東西的動力。

「W 新零售直播工廠」的品牌建立，最初是以直播主輪播，因此，必須訓練不同性的直播主，在不同時刻進行輪播，他們過去曾創下連播 15 小時的紀錄，那一檔有 3,000 人在線上，同時搶購商品，你能想像，哪一間商城，可以同時擠進 3,000 人來買東西？這種盛況想來也只有直播間才能做得到，這就是直播的優勢與未來。

直播絕對是未來趨勢，而且在網路及運輸便捷優勢下，甚至會跨國際跨區域，所以，直播的未來，大廠商必須走向品牌化，小型的直播間，則須具有特色才能吸引粉絲。直播不難，但還是要學習，因為直播主就是購物專家，不僅要了解商品，更要知道粉絲的消費者心態，以及直播技巧，甚至商品的成本價格及品質把關等等，都該是直播主所要去學習的功課。

直播主是第一線人員，粉絲線上的發言，必須立即回答，容不得你裝傻扮糊塗來閃過，幾次之後，大家會發現，這個直播主一問三不知，就會開始失去信心與忠誠度，留不住粉絲的心。

建議想要投入做直播的公司，要找出商品最大優勢，除了價格，還必須有附加價值，讓人感覺值得跟隨。舉例來說，「W 新零售直播工廠」除了價格外，商品品項也愈來愈多元化，還找來知名品牌大廠的產品。

過去大家都覺得，直播台的商品，大多是沒有品牌，品質差，沒有

保障，但是，葉議聲標榜自己找來的商品出自知名大廠，這個做法讓大家會很驚訝，發現原來在網路直播購物也有好商品，而且價格甚至比大賣場還划算，光是這一點，就能留住許多粉絲，天天上線來等著看，又有什麼好商品推出。

給粉絲有所期待，養成他們天天上線來看直播的習慣，最好讓他們把直播台當成八點檔連續劇一般，天天得看沒看混身不舒服，這部份得靠直播主來完成。直播主是直播台的靈魂人物，也是品牌的主要建立者，因此，訓練教育很重要，「W 新零售直播工廠」旗下的三位直播主，各有不同的專長特色，重點是各有各的專長。粉絲很清楚知道，誰是那一種商品的專家時，他們可以上線諮詢，詢問商品問等，與粉絲先建立情誼，等到粉絲有需要這項商品時，第一時間自然會想到我們。

未來的新通路時代，「W 新零售直播工廠」結合虛實，每天準時開直播，加上不定時的特賣會，讓粉絲隨時看得到直播台，同時也找得到直播工廠，去看到實際商品及取貨，線上線下結合，既讓粉絲百分百安心，還可省下運費。直播台的轉變非常的快，想要投入這個行業，思維手腳學習能力都要快，才能跟上節奏，而這一塊商機超過百億，是未來的最大通路，掌握未來趨勢就掌握成功的方法，歡迎大家一起來。

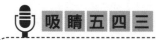 **吸睛五四三**

扮演各種角色，掌握消費者心態，成功吸睛

「W 新零售直播工廠」的最大特色，就是主打工廠價格，通路商的品質去吸引大家來消費，為此，公司必須砸下現金採購商品，想要獲得商品價格優勢，就是現金為王。

直播台的競爭愈來愈白熱化，大家搶商品，拚價格，那麼還剩下什麼利基優勢呢？那就是直播台的品牌，「W 新零售直播工廠」是直播的一大通路商，就像是一間直播百貨公司，吃喝玩樂皆有，只要你想得到，未來都可能在這裡看到。葉議聲掌握住消費者心態，利用「分享禮付運費」的行銷手法，成功吸引粉絲進行更多消費與觀賞。

5.4 漢 堡 姐 姐 變 身 Anna 女 神 , 嗆 辣 直 播 行 徑 狂 吸 粉

Anna 女神

原本個性文靜秀氣的 Anna 女神,在公司擔任直播小幫手,因緣際會下,為了賺取老闆的千元獎金,而硬著頭皮上場開直播賣起日用品,從幾十個人觀看,自己拿著手機直播,到現在隨便開播就有千人同時上線觀看!

基本資料	
直播台帳號	Anna 女神
開台時間	2 年
主打商品	生活日用品
團隊人數	20 人
直播間坪數	千坪廠房
工具	手機、腳架、兩側柔光燈
個人特色	漂亮健康的外表,配上嗆辣直爽的個性,直播時習慣全場奔走,戲劇效果十足,可說是男女粉絲都愛看。
績效	月營收 2 千萬
上線人數	3,000 人

向來以運動穿搭與嗆辣風格獨走直播界的 Anna 女神，直播初期也曾頻頻撞牆，如今則蛻變成為直播界的女神，極具個人魅力。（圖片提供：Anna 女神）

「我今年 22 歲，剛從大學畢業，私下的我是個很慢熟的人，很安靜、說話很小聲，所以壓根沒想過，會去面對鏡頭成為直播主⋯⋯。」這是當紅直播主 ANNA 女神對自己的形容⋯⋯。

回想當初來到直播公司上班，她其實是應徵時薪 160 元的工讀生，工作內容就是打打電腦，整理文件，回回訊息，直到有一天，老闆臨時 CALL 她上場去直播，我領到一千元獎金時，這次的初體驗終於開啟了她對直播的興趣。

回想第一次直播，心想自己天天看過別人直播，應該不難啊，直到自己上場了，經歷過那一刻之後方才知道，這一切還真的需要練習才行呀！

第一次開播，還好有老闆在旁邊提醒，例如商品的相關資訊介紹等，總結下來還是順利拿到訂單，獎金到手；但這也讓 Anna 開始思考，若自己要繼續賺這筆獎金，未來應該還要做些什麼？

　　大家在手機鏡頭前看到的直播主，感覺都很輕鬆，隨便喊一喊，底下就有一堆人喊「+1」，訂單接不完，然而這個結果，必須事先有安排、有企劃，要練習才會不卡詞，流利地介紹商品，在一旁還得有工作人員幫忙，精控直播程序，營造現場氣氛等等，這背後都需花時間做功課及練習。所以，從那時候開始，Anna 天天看別人直播，積極學習並模仿當紅直播主在開播時的「眉角」。

健康明亮的風格，無畏網路謠言

　　下班回家後就盯著手機看，有時還會跟著學習喊單介紹時的說話方式，自言自語，每天至少要練習三小時。之後，老闆鼓勵我出來開直播，似乎完全不擔心會砸鍋，所以，要說能有今天的成績，真的要感謝老闆的賞識。

　　說起 Anna 的直播風格，也是經過很長一段時間試驗而來，記得一開始走的是斯文路線，比較符合本來的個性，但輕聲細語的說話方式，反倒讓她在鏡頭前顯得很僵硬，就連介紹商品時也變得卡卡的，遑論跟粉絲親切地打招呼。而回想那段尷尬期，她甚至都已有「乾脆放棄算了」的念頭，尤其當時還會覺得在鏡頭前叫賣很丟臉，所以不敢吼，不敢催單，甚至不願讓家人朋友們知道自己在當直播主。

　　如今回想那段撞牆期，除了私人生活變得很糟，就連直播也幾乎完全沒有訂單，上線觀看人數也一直往下掉，正當想要徹底放棄時，心裡突然又想到，最差不過如此……於是，Anna 決定放手一博，放下顧忌和形象，開始大聲叫賣。也或許是多日來的壓抑，Anna 永遠記得那一天，因為自己的叫賣，大家真的刷起來了，買氣起來了，突然感到好得意，成就感油

然而起，那一刻，方才終於覺得自己像個直播主，也發覺自己確實喜愛當一名直播主。

如今，Anna 定調自己的風格就是嗆辣，就是愛全場跑，尤其習慣穿著運動服，無論是緊身衣或泳裝，直播時就在貨架上爬上爬下，彷彿是在做探險攀爬，健康明亮的特色也變成她的個人風格。

投入直播主的行列已有二年的時間，也曾因為人氣紅到不行，在網路上被人身攻擊，甚至還被警告不要太囂張。Anna 想說的是，直播是一種表演方式，並非真的嗆或者兇，希望大家不要誤會，請給她多一點的空間，Anna 表示自己只想努力把直播做好，藉此開創自己的事業。

 吸睛五四三

自在做自己，個人風格吸粉無數

當直播主的準備功課很多，每一次的開播，都要了解商品特性及成本價格，整個直播的流程順序，商品上檔的介紹流程與安排，還有粉絲的問題等等，都要在第一時間兼顧到。尤其商品要幫粉絲們把關，雖然是公司所聘請的直播主，但是，粉絲是針對她而來，相信直播主的介紹與保證才會買單，等於是掛保證，所以商品很重要，否則讓粉絲們傷心了，說走就走，很難再找回他們信任。

Anna 女神最大特色就是很真實，很實在，商品好就是好，商品適合什麼樣的人用，怎麼用等，都會介紹的很清楚，總之，Anna 女神最叫粉絲著迷的地方，就是她直播時的全力以赴，為大家謀福利的用心，光看她拚命三娘般的奔走在商品之間，也真的值得＋1了。

5.5 鄰居家的好媳婦兒，「家政教主」用專業搏信任
家政教主周欣欣

投身直播行列已有三年多的時間，周欣欣一開始主打飾品，鏡頭前的她總是很有耐心地為大家解說商品，因此獲得許多粉絲們的信任。之後，她開始轉型與大型直播台合作，目前主打保健美妝，生活日用品等，希望讓推薦商品更加多元化，成功造福自己的廣大粉絲團。

基本資料	
直播台帳號	家政教主周欣欣
開台時間	3 年
主打商品	保健食品、美妝用品
團隊人數	10 人
直播間坪數	千坪廠房
工具	手機、腳架、兩側柔光燈
個人特色	就像是鄰居好媳婦的外表形象，說起話來條理分明，語調溫柔清晰，被封為直播好媳婦，好媽媽，主打美妝保健食品，直播時誠懇親切微笑的態度，擄獲全是婆婆媽媽的心，婆媽們操煩的心事，全都會跟欣欣聊天，是業界裡非常不一樣的直播主。
績效	月營收 7 位數
上線人數	800 人

周欣欣強迫自己每日固定時間，準時開播，與粉絲建立堅強的互動連結。此外，拋開偶像包袱更是重要，叫賣時一定要把氣勢做出來！（圖片提供：家政教主周欣欣）

「一開始做直播主，主要是為了照顧小孩、陪伴孩子成長，所以我一開始設定是能夠兼顧家庭最重要，主打商品以耳環、飾品為大宗，記得當時只有自己一個人的直播台，真的是太忙了……。」周欣欣如此打趣地說道。

從開播、客服、出貨、找貨源、訂單、對帳，甚至售後服務等等，一連串的工作，讓她每天忙到三更半夜。雖說收入比上班族還好，但相較於付出的心力，卻遠遠超越上班時的數倍，所以，對於想要投入直播界的人，周欣欣再三提醒大家，務必要想好一連串的後續工作流程，掌握應對關鍵，否則只要客服沒做好，客源保證留不住，屆時即便做再多場的直播也沒有用。

其實，一開始接觸開播，周欣欣也是極不適應的，因為她總是不敢直視鏡頭，但她明白知道這樣下去不是辦法，所以開始強迫自己每天對著鏡子練習說話，學習用流利自信的口條來介紹商品。

「沒有人是天生的直播主，也沒有人合適不合適，只要想著這份工作可以賺到養活自己及家人的生活費用時，相信大家都會願意下苦功。」這是周欣欣最常用來鼓勵新晉直播主的話，也是鼓勵自己的座右銘。

畢竟直播主面對鏡頭，若想化解緊張，唯有強迫自己面對一途……，而對周欣欣來說，最好的辦法就是不斷開直播。當時還是菜鳥的她，依照公司排定直播時間，天天準時播出，不管有沒有人上線看，她始終照播不誤，因為周欣欣認為，自己可以開店等客人，但絕對不能讓客人上門等不到人─這就是信用。

粉絲是一個一個累積起來的，不要以為一開播就會有好幾百個粉絲上線並跟隨，這都得花時間與心力去經營，只是在上線前，記得要先做好事前的準備工作，尤其是與商品有關的問題，準備齊全。畢竟粉絲的信任來自於事先準備功夫，若能充分解答他們的疑問，讓信任感充分建立起來，這群人未來就是直播主的忠實鐵粉。

另外，培養自己專業的鑑賞功力也很重要，周欣欣始終維持只要新品一來，就要找資料核對跟試用，就算只是一個小小掛勾，也要用心詢問廠商如何使用？能夠為大家的生活帶來多少便利？這才是最棒的推銷方式，才能發揮最大功效。一場直播下來，日用品的品項少則五十種，多則上百款，這些東西都得在事先了解商品，不能等到直播當下才來發問。所以，想要擁有訂單，就要做好事先準備功夫。

直播主跟藝人不同，直播主是購物專家，是要站在消費者的立場去考量產品，包括價格、組合等要素，讓消費者確實感受到你的貼心，明

白你總會為他們著想，這樣一來，大家自然會更加喜歡與信任你囉。

 吸 睛 五 四 三

專業親切雙管齊下，耐心仔細回覆客訴

周欣欣最大特色的就是標榜專業與親切態度，剛開始學習直播時，她也會去看觀摩別的直播主如何做直播，但她覺得若是採用熱舞、穿得很少、混身刺青甚至是講粗話等方式，她都學不來。

直到後來，她發現坊間其實有很多不同屬性的直播主，有人選擇在直播時耐心且仔細回答粉絲各種千奇百怪問題，這樣的風格她很喜歡，所以她也開始朝這個方向去努力，如今的她，走的就是這種路線，甚至發揮得相當好，獲得粉絲們極大的迴響……。

男人穿女裝博信任，成功變身婆媽好閨蜜

5.6 **趙頡祐服飾專賣**

誰說女裝一定要女生來賣才會賣得好？

在趙頡祐服飾專賣裡，我們可以看到他將女裝穿在身上的敬業態度，加上耐心的解說與靈活回應，讓他成功擄獲許多婆媽們的心⋯⋯。

基本資料	
直播台帳號	趙頡祐服飾專賣
開台時間	4 年
主打商品	女裝
團隊人數	2 人
直播間坪數	20 坪
工具	手機、腳架、燈光、貼紙、紙板
個人特色	耐心親切，應觀眾要求，幫忙試穿女裝，引起共鳴與肯定。
績效	月營收 6 位數
上線人數	400 人

趙頡祐是直播界第一個穿女裝賣衣服的男直播主。（圖片提供：趙頡祐服飾專賣）

趙頡祐從事服飾專賣中盤批發及電商平台己經超過十年了，過去都在市場擺攤為主，那時候因為要面對不同的婆婆媽媽，因而練就了介紹女裝衣服的技巧與功力。後來，向他批貨的賣家們總會問他何不做直播算了？只是當時的他根本不知道如何下手？但為了賺錢，於是，趙頡祐跟老婆兩人，秉持著服務更多客人的目的，開始了這一場直播之旅。

記得夫妻兩人的第一場直播，是由老婆擔任直播主，這看似合理，畢竟賣女裝嘛，當然由女生來賣較為妥當，有時甚至還可以試穿給大家看看。不過，第一場直播開始不到半小時，老婆就因為不懂技巧及流程，加上不知道如何對著手機鏡頭自言自語，乾脆就落跑了……，這下子，只好由我打鴨子上架，接手直播了。

說真的，至今仍忘不了第一場直播的冷場，上線客人不到 20 位，訂單也掛零，那時候，我告訴自己，下一場人數一定要增加，一定要有訂單。於是他開始去看同樣賣衣服的直播台，學習技巧與方式，我發現為了不讓場面變冷，直播主要不停的自言自語，但萬一詞窮怎麼辦呢？有直播主就教我們，就不停的提醒大家商品尺寸、花色、材質以及如何穿搭等。

後來，再次開啟直播，趙頡祐事前做了一番準備功課，表現得便較為得心應手，他把直播間當成自己在市場裡的攤位，而手機鏡頭就是每天面對的那群婆婆媽媽們，心態一經轉換後，整個過程確實變得順暢許多，而緊接著，上線觀看的粉絲開始與他有了互動。

　　至於男人穿女裝來賣，一開始並不是趙頡祐的直播台企畫內容，當時是採用模特兒布台來展示衣服，但模特兒布台都很「瘦」，客人總說，模特兒能穿，我們又不一定能穿，相反的，她們的身材與我差不多，竟然要求我直接穿給她看看……。就這樣，穿上第一件之後，就有第二件、第三件……直到後來，趙頡祐乾脆決定直接由他自己試穿衣服並展示給大家看吧。

趙頡祐試穿女裝時，態度真誠踏實，不譁眾取寵，獲粉絲信任。（圖片提供：趙頡祐服飾專賣）

　　雖說男生開直播賣女裝，甚至試穿給大家看，只要抱持一顆純正的心，專心解說及介紹衣服，粉絲們絕對不會覺得反感，反而倍感親切，有時甚至幾乎把他當女人看待了。所以後來常會出現一種情況是，一邊直播，客戶一邊在線上跟他聊家裡發生的瑣事，就這樣，你一言我一句的，大夥兒竟然開始閒話家常了起來，而這也成為趙頡祐直播時最大的樂趣。

 吸睛五四三

男人穿女裝：掌握那一瞬間的 WOW 效果⋯⋯

男人穿女裝的 WOW 視覺，從一開始就很容易的吸引婆媽眼光焦點，進來觀看直播，而趙頡祐展示衣服的態度，就是取得婆婆媽媽們信賴的主因。

因為他不會嘩眾取寵的方式，去做過度的表演，假設若刻意穿起衣服來，騷首弄姿時，反而容易引起粉絲們的不悅，造成反效果，所以，他的直播成功就在於驚艷感吸睛後，專業態度，讓每一場直播成功。

踩高跟鞋跳上桌直播，粉絲每天恍若看八點檔……

白姑娘直播

白姑娘直播台的特色非常強烈，標榜自己是牛肉專家，以亮眼的外型，腳踩高跟鞋跳到桌子上去叫賣，顛覆一般人對漂亮女生斯文秀氣的形象；而嗆辣的口條更是引起粉絲共鳴追隨、按讚，尤其牛肉價格親民、品質一等高，更是獲得粉絲肯定，就算是買到冰箱塞不下也要囤貨……。

基本資料	
直播台帳號	白姑娘直播
開台時間	4 年
主打商品	牛肉、海鮮
團隊人數	30 人
直播間坪數	800 坪
工具	手機、腳架、大電視、燈光、展示桌、手板、廚具
個人特色	踩著高跟鞋跳上桌，穿著漂亮貴氣的白姑娘，卻與外表反差的方式直播叫賣，獨樹一格的展售方式，叫人第一次看直播，立即被吸引，也印象深刻。
績效	月營收 8 位數
上線人數	21,000 人

白姑娘直播台的粉絲，最愛看到穿著打扮漂亮，踩著高跟鞋漂亮的白姑娘。
（圖片提供：白姑娘直播）

直播主白姑娘的婆家是食品海鮮中盤商，三年前，當她決定要做牛肉的直播台時，婆家及親友們其實並不看好⋯⋯，但即便如此，大家還是鼓勵她不妨出去闖一闖，因此，他們始終默默在背後支持，婆家甚至特地將冷凍庫挪出一個空位，就是為了讓她囤放牛肉貨品。

「我知道直播台一個人是做不來的，還是要以團隊才能快速做大，所以我找了胖大叔的輝哥，兩人一起開展我們的直播事業⋯⋯」白姑娘直播正式成軍後，為了節省人力，一開始由她和輝哥兩人輪流直播，一天至少開三場。

記得第一場直播，大家都沒什麼反應，態度相當冷淡，加上首場直播壓力超大，除了怕沒人上線觀看，更怕沒人結帳消費，幸好最後還有三、四百人上線來看，最後也接了近百張的訂單，算是一場旗開得勝的首播啦！而這個結果也讓大家覺得我們不是在開玩笑的，因此婆家後來乾脆在冷凍櫃裡另闢一個小角落讓我囤貨。而發展至今，白姑娘已經成功拓展到一整個冷凍櫃，這也算是一種肯定。

為了讓自己的直播技巧更好，白姑娘習慣在下班時，看著別人直播

學習，從介紹商品到客人的對話，甚至手勢與動作等等，看過上百場的異業直播後，她發現直播真的是一門表演藝術，直播主賣東西，就該把表演展現到最好。加上自己平時就愛漂亮，於是，白姑娘直接把平時的穿搭特色延伸到直播台前，她笑說這叫做「真實展現自我」。客人愛看她穿得漂漂亮亮，踩著三吋高跟鞋，霸氣地站在桌子上叫賣，這番絲毫不做作的表現，也讓她在商品銷售上獲得更多的信任。

開播至今已經三年了，白姑娘細數自己最得意的地方就是牛肉商品的品質佳，價格公道，每個月的營業額堪稱全台最大—這就是大台的優勢，我們以量制價，薄利多銷的方式，養出一批鐵粉，現在只要一開播，想要買什麼，客人還會點菜。

直播雖然技巧很重要，但想在眾多的直播台裡脫穎而出，展現自我風格與特色更顯關鍵，只是特色有時不必刻意營造，因為客人想要看得就是直播主的真性情，若用虛假的一面去與粉絲相處，通常很難留住粉絲們的心。所以，白姑娘再次提醒大家，直播最好的方式就是好好扮演自己。

白姑娘一上線狂吸粉，帶動人氣也帶來買氣。（圖片提供：白姑娘直播）

吸睛五四三

5A 行銷的最佳展現

觀察白姑娘的直播過程，發現她經常會透過小幫手與粉絲互動對話，教大家如何辨識牛肉的品牌、品質，甚至教大家如何烹煮牛肉？在整場直播過程中，先給顧客一種「白姑娘專賣美食及牛排」的認知後，再順勢建立一份認同感。逐漸地，大家在看過幾場直播後，便會漸漸地被她說服，認同「白姑娘直播販售的牛排，全台最棒」的說法，進而按下「＋1」鍵，成功行銷！

待下次再上來看白姑娘的直播時，一般就會主動分享並進行推薦。這個完整的 5A 行銷，在此便有了最佳展現⋯⋯。

大口吃零食給你看，「中壢安心亞」魅力無法擋

滿口香美食直播

以販賣進口零食為主，綽號「中壢安心亞」的直播主總是瘋狂地把福箱塞進各式各樣的零食，客人光看就覺得超級爽，再加上她習慣跳上桌丟零食，再跳下桌到鏡頭前吃給大家看，單單這個舉動便讓人很難不盯著這個直播看！

基本資料	
直播台帳號	滿口香美食直播
開台時間	4 年
主打商品	各國零食
團隊人數	20 人
直播間坪數	300 坪（倉庫、直播間、辦公室）
工具	手機、腳架、燈光、展示桌、手板
個人特色	爽朗笑聲，直爽個性，吃給大家看，真實呈現自己的情緒。
績效	月營收平均約 1,500 萬
上線人數	1,000 人，最高單場 3,700 人。

「中壢安心亞」親切可愛直爽的個性，吸引許多粉絲跟隨。（圖片提供：滿口香美食直播）

直播主綽號「中壢安心亞」，而說起她之所以會投入直播一行，主要是因為自己想創業。從一個單純的家庭主婦，想要經濟獨立，但偏偏又沒有資金，所以當下考量只能開直播。於是，她邀請好友一起創業，由她自己擔任直播主，好友來當小幫手，就這樣，二個人，一支手機加上一個小白板，「滿口香美食直播」正式開播。

回想一開始，因為自己只是一個家庭主婦，過去根本沒有從事過面對鏡頭的工作，所以只要一開鏡頭準備說話，心裡便會抗拒、害怕面對鏡頭、說話不順暢，不過，歷經幾次失敗經驗後，發現自己必須面對虧損的壓力，這時，硬著頭皮上場變成她唯一的生路……。

開播初期，她賣過海鮮，也賣過家用品，但是對著一支手機說話，總是讓她屢屢卡關，記得當時，每次開播前總要幫自己心理建設，正向喊話一番。只是這套正向吸引力法則似乎不太有效，無論她再怎麼正向，觀看人數依舊少得可憐，偏偏自己又沒錢買廣告，所以只好土法煉鋼，每天按步就班地準時開播。

直到有一天，她深夜開直播，突然覺得肚子餓，於是乾脆去泡了一

碗泡麵來吃，而就在她邊吃邊播的當下，萬萬沒想到人數居然衝高起來，粉絲們進來後頻頻追問她吃的是什麼牌子的泡麵？口感如何？好不好吃？大家開始聊起吃泡麵這檔子事……。

　　後來，她們決定轉型賣泡麵跟零食，並且直接吃給大家看，而誠如事前的評估，也確實吸引大家開始下訂單。算算開播至今已四年，她曾經在一檔直播裡賣出 1,500 碗的韓國泡麵，粉絲們均戲稱，那根本就是要把自己吃成木乃伊的規模啊；而推出的 399 元零食福箱，更曾賣出數百筆訂單的佳績，記得那幾天因為小幫手每天得花十八個小時在包貨跟出貨，直播甚直一度中斷了好幾天。

「中壢安心亞」曾經一檔直播賣出 1500 碗泡麵，業績驚人。（圖片提供：滿口香美食直播）

粉絲習慣看到我就是一直在吃東西,從台灣餅乾吃到韓國泡麵,再吃到日本的巧克力……,粉絲們總說,看到她在吃東西的樣子就會覺得好好吃,無論餅乾或果凍,彷彿都可以在鏡頭前聞到香氣與口感,這就是她的直播特色。

再者,在介紹零食時,她也絕對不會為了催單而去過份誇讚商品,畢竟粉絲是因為聽了她的介紹而買單,一旦發現與我所說的不一樣,信任度就不見,這可是她們辛苦累積了四年才有的經驗與心血,萬萬不能隨便糟蹋了。

 吸睛五四三

吃給大家看,真實體驗引起粉絲信賴及認同

「中壢安心亞」的直播特色就是吃給你看,說給大家聽,等於幫大家體驗新商品的感受,這是一種代償感,粉絲會希望自己買來的零食,吃起來也會像直播主的體驗感受與樣貌一樣。而真實體驗的呈現,更是成功直播主最關鍵的條件,如同保養品廣告找漂亮女明星代言一樣,人人都希望自己使用過該項產品後,也能像廣告中的美女那般變美、變年輕。

探險鬼屋直播台帶你去探險，葉建龍滿足眾人好奇心

關雲「庄咖氣口」直播台

探險直播台是當下最受歡迎的直播台，他們帶著大家去知名的廢棄住宅或是醫院等，大家光看就跟著他們緊張，滿足大家的好奇心與視覺。

基本資料	
直播台帳號	關雲「庄咖氣口」直播台
開台時間	3 個月
主打商品	探險相關用品、藝術品、生活日用品
團隊人數	5 人
直播間坪數	無限大坪
工具	手機、手電筒、直播設備系統
個人特色	真實大膽、正向宣導、帶大家去冒險，只要是正向的話題都能聊。
績效	廠商邀約廠拍，一場直播平均業績 20 萬元。
上線人數	10,000 人，影片已觀看人數達 30 萬人。

因為好奇心的趨使下，幾個大男生組成探險台，帶大家去探險。（圖片提供：葉建龍）

會成立「關雲『庄咖氣口』直播台」，一來是葉建龍自己好奇心驅使，二來也發現大家很喜歡看，所以就邀集幾個好朋友一起來經營直播台。從第一場直播的二百多人同時上線，直到現在二個多月後，場場直播都有好幾千人上線，甚至有一場在醫院的探險直播，同時上線的觀看人數有 5 千人，下播後影片觀看人數竟有十幾萬人之多。

粉絲們常在線上提醒葉建龍萬事要小心，更有人質疑他們根本就是在造假，到底有沒有鬼？還有人好奇現場發生什麼事，叫他們要找出真相，當然，也有酸民想來嗆聲……，不過，這些都不用他們去反應，因為粉絲們會主動去幫忙勸導酸民，畢竟他們也覺得直播主在第一線探險已經很辛苦，不該再有酸民肆虐攻擊，而粉絲的窩心舉動與支持，更加激起了大夥兒的動力。

「關雲『庄咖氣口』直播台」的直播台探險地點，大多以廢棄大樓、已關閉的醫院、凶宅為主，此外，有時也會介紹南部鄉下小孩，過日子的方式，像廟會遊行，或神明降乩時，直播主日常生活的點點滴滴也都會開直播，與大家分享。

　　每一場直播都是最真實的呈現自己，葉建龍不會在鬼屋探險時，特意塑造恐怖氣氛，因為那都多餘的，畢竟直播過程中，粉絲是跟著一起進去探險，他們看到什麼，直播主就是看到什麼，說太多反而變得很假，頓時失去了探險直播台的意義。

　　「關雲『庄咖氣口』直播台」的觀眾群中，有一半是女性，四成是男性，也有二成是海外的粉絲，這一點倒是讓他們相當意外，萬萬沒想到女人的膽子那麼大，好奇心甚至比男人還重，有些粉絲甚至想來和我們一起探險。但為了安全起見，葉建龍還是以自己的成員為主。

　　探險台眉角很多，最怕被質疑做假，所以一定要真實，因此葉建龍堅持一鏡到底，而二位直播主也盡量都走在鏡頭裡面，因為一旦直播主出鏡，這時若有感應或靈動出現，往往就會被質疑是造假，一旦出現這樣的聲音，粉絲們就不會再信任與感興趣了。而更重要的是，探險台成立的初衷就是要呈現最真實與優質的平台，充分滿足觀眾的視覺享受與感官刺激。

探險台直播時，直播主一定要
同時在畫面裡，才具公信力。
（圖片提供：葉建龍）

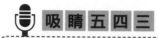 吸睛五四三

隨時讓你嚇一跳的探險台 WOW 行銷

探險台就是充滿著 WOW 體驗，地點場景形式，光看就充滿著驚奇與害怕，成功的獲取粉絲們的目光與支持，以當下直播台而言，探險台是在短時間集粉吸睛的最佳方式，在累積一定的按讚人數後，想開播販售商品，則需要懂得如何將客人觀看探險的心情，轉換成訂單，這除了需要技巧外，建議應該要在開播一段時間後，與粉絲建立情感時，販售商品粉絲自然會買單。

5.10 直 播 系 統 好 結 帳， 翁 紹 明 讓 直 播 購 物 變 得 更 輕 鬆

FB 直播購物小幫手

本業是資訊服務業，翁紹明過去從事協助客戶開發商業軟體，直到 2016 年，很多的直播台客人來電詢問公司是否有協助直播台結帳的系統？這時的翁紹明看到商機，而且覺得是超驚人的百億商機……。

基本資料	
直播台帳號	FB 直播購物小幫手
開台時間	4 年
主打商品	直播結帳系統
團隊人數	30 人
直播間坪數	300 坪
工具	電腦程式設計軟體
個人特色	協助直播主，進行結帳系統、客服運送等串接
績效	會員 85 萬人次
上線人數	533 萬人次

有了完善的結帳系統，才能讓直播主盡情地叫賣商品。（圖片提供：滿口香美食直播）

翁紹明的本業其實是資訊服務業，講的更白話一點就是協助客人進行結帳、商品庫存、點單等的系統開發與管理，像是百貨公司的結帳系統，餐廳點菜及買單的 POS 機等。

之所以會開發「FB 直播購物小幫手」，也是因應客戶的需求而來。記得最早在直播台上賣東西以藝術品的社團為主，像是賣功夫茶壺、開運商品、水晶等。那時以競拍為主，商品數量不多，所以粉絲們可以在線上慢慢的加價，如一刀多少錢等。所以，延伸出一些直播台的專用詞，像是「＋1」、「一刀多少錢」、當時人數不多，直播主能兼小幫手，逐一記錄得標人後，再請客人截圖，私訊連擊匯款結帳等。

這個是留言數在百筆以內尚可運做的，但是漸漸地，開始有其他商品加入直播，像是賣服飾、海鮮、日用品等，直播主往往一喊單，一下去百筆訂單就發瘋似地跑出來，這時為了要結單，上百通的私訊最後只會把直播主跟小幫手全體搞瘋掉，畢竟數量實在太大，單是要記下商品留言數量，單靠人力根本無法完成。

當時的直播台根本沒有系統可以結帳，直播主們以一擋百，整理訂

單、回訊息的過程太忙亂，進而導致商品寄錯，徹底把客人全部惹惱了，所以那時的直播台購物，給人的印象可說是非常差。後來，隨著直播台的發展愈來愈大，直播台的結帳系統，於是應運而生。

「FB 直播購物小幫手」是國內第一家的結帳系統，目前相關的系統約有 18 家，各有各的特色，直播主可依自己習慣去挑選。但重點在，直播發展快又大，常常一場直播接下來的訂單，上千筆是很正常，但要是一筆一筆去對帳，想不出錯都很難。

直播平台確實是雙贏的系統，不但直播主可以快速整理訂單，還能讓客人輕鬆結帳，看得到自己在這一場直播裡買了多少東西。科技就是伴隨世界進步，不停研發新系統讓生活更加便利，想要獲取最大商機，就要掌握動向與趨勢，直播系統就是這樣而來的。

在未來社群已經是無國界，而直播平台更是不分國家，像現在東南亞地區，直播賣東西也開始盛行，包括馬來西亞、新加坡、越南等地，真的是直播無國界。

外界說直播是一種衝動購物，這對於以前確實如此，因為直播台少，直播主又常以數量有限來追單，但是，現在直播台破萬，全世界跨境代購等不同形式都有，大家看的都習慣直播台的節奏性，根本不再有衝動在裡頭。也就是說，在無國界的直播未來，消費者會回到理性直播購物，大家會去尋找最佳最有利自己的直播台下單。有利，就是要方便下單，方便結帳，運送過程快速，能省運費，最重要是，客服一定要有，尤其是時間上頭，若是詢問後，遲遲沒得到回應，消費者的心態就開始擔心，

甚至失去對商品的興趣而棄單。

直播台賣東西，直播主是銷售過程中的靈魂，但是售後部分就是客服，客服只要沒做好，產生負面的評價與回饋時，客人會多加懷疑，失去信心，自然也就沒有忠誠度。現在的直播台，都有注意到客服結帳系統這一塊，在前台後台的配合下，也造就直播台的快速發展。台灣真的是把直播賣東西，賣到聞名全世界，引起其他國家開始學習模仿。

直播是未來的全民經濟奇蹟，它不會獨厚單一直播主，更不會被獨大的直播台去獨享商機，反而是共享經濟，直播主有不同的粉絲直持者，大大小小各有各的特色，重點只要掌握便捷與信任，粉絲群會不停支持下去。

百億商機會伴隨著安全的金流、快捷的跨境物流，再加上聰明的系統，成為大家主流的購物通路。所以，想要分食這塊大餅的直播主，要朝向這一區塊去思考，每個人都會有機會，因為各有各的粉絲，差別在如何維持良好的互動，提升最佳信任及依賴度時，直播市場就能佔得久遠。

 吸睛五四三

順應直播而來的結帳系統，打造雙贏優勢

結帳系統的發展，絕對是直播購物的一大推手，串接金流、物流系統，讓直播主方便管理訂單，消費者容易結帳，送貨方便與確實，促進每一直播交易的成交率。而系統商與時俱進的改變系統功能，促進直播經濟的發展，甚至達到跨境交易，持續讓直播大餅變大變多。

5.11

抓準直播主三大需求，鄭凱陽讓直播更容易上手

Ja Jambo Live 就醬播

從手機軟硬體、APP 系統開發商，跨界領域投入直播購物結單系統，因為看見直播的無限商機，於是從直播主的需求開始量身打造，歷經一年的直播主的挑剔與要求，終於打造出最符合直播主需求的直播系統。

基本資料

直播台帳號	Ja Jambo Live 就醬播
開台時間	3 年
主打商品	直覺式直播結帳系統
團隊人數	15 人
直播間坪數	50 坪
工具	電腦程式設計軟體、APP 設計
個人特色	簡單容易上手的直播結帳介面
績效	協助直播主直播場次翻倍，營業額增加 4 倍。

說起這位直播主，原本長期都在大陸發展手機軟硬體系統，直到 2017 年時，看到合夥人的老婆經常在看直播，隨口好奇問了一句：「妳真的會在直播上，跟陌生人買東西嗎？」結果得到的答案居然是肯定的，而這個簡短的對話，順勢開啟了他對直播平台的興趣，於是展開直播平台的了解與調查。

說起讓他印象最深刻的是，總會有很多直播台被抱怨結帳很難、送貨好慢，服務太爛等，而直播主往往也只能無奈表示，他們也想做好一點，只是現成的系統他們一時半刻學不會，而請來的小幫手，更是沒幾人懂電腦，所以，情況確實很為難⋯⋯。

當下了解直播主的需求後，他發現直播的經濟模式是可以被複製的，尤其是直播過程與結帳系統，差別只是在直播主如何賣東西，每筆訂單成立的後續流程，完全可以進入重複性的模式。所以，在得到人氣高的直播主的支持下，他終於成功開發出符合直播主需求的系統，而這套系統主要有三大優勢：

一、流程短。這樣才能讓直播場次變多變快，爭取更多的商機與銷售額。

二、上手容易。太過複雜的介面只會讓直播主卻步，小幫手更加學不會，試想：直播主在直播當下，除了要忙著介紹商品，還得分心去擔憂直播系統怎麼使用，這個直播怎麼可能成功？所以，好上手自是關鍵訴求點之一。

三、彈性。很多直播主經常不按牌理出牌，叫賣東西的方式千奇百怪，一會兒競拍，一會兒限量，喊完單又改單……。其實，這就是行銷手法，也是直播吸引人的地方，有趣好玩，粉絲們永遠猜不透直播主下一步要怎麼殺價或組合，所以，才會甘心守在直播間等著看好戲。

所以，為了這三大需求，他們足足研發了一整年，每次修改完成後便拿給直播主試用，想方設法地就是要刷爆系統，目的無非是希望做出最合用的系統。終於，歷經一年的撞牆期後，結帳系統終於通過測試，正式上市。

現在就醬播的系統已上市三年了，每位用過的直播主都稱讚操作容易、好上手，尤其是新進投入的直播主，在還不熟悉直播環境生態時，能夠有個簡易的系統傍身，讓他們事半功倍地快速完成直播，實是功德一件啊！也正因為開發了這套系統，拉近了直播主與粉絲的距離，也讓直播變得更加活躍。未來台灣的直播產業前景大好，這是因應時代的變遷及更迭而生，如同過去實體通路轉變到電商平台，再從電商平台轉變成直播購物，這就是配合時代科技演變的產物。

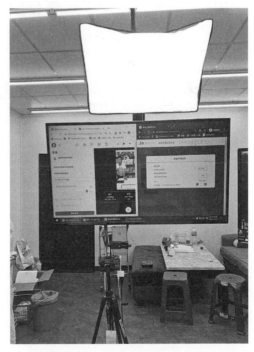

一場直播要做好，軟硬體都很重要。（圖片攝影：許湘庭）

　　直播購物講究「體驗式」的消費，相較於電商平台，消費者能夠更清楚地看到商品細節，進而增加消費意願與信賴感，所以，想要透過信賴感奠定基礎，就要善用直播系統，快速簡便且清楚的結單與送貨系統，保證讓你成功養出一大群的忠實鐵粉。

 吸睛五四三

系統操作簡單、易上手，讓直播變更容易

很多人最初要投入直播時，總會擔心如何結帳？客人怎麼支付貨款？廠商如何寄送貨品？……，這些都是早在直播台開台之初肯定會遇到的問題，尤其是一聽到結帳系統，對於跟電腦壓根就不太熟的直播主們，更是一大考驗。

而工欲善其利，必先利器，直播主利用樂播系統協助，簡單易學，讓直播主可以專心在介紹商品，拉近直播主與粉絲距離。

識財經 27

百萬人氣直播主的 5 堂必修課

作　　者　許湘庭、萬珈維
視覺設計　徐思文
封面攝影　石吉弘
主　　編　林憶純
行銷企劃　謝儀方

第五編輯部總監　梁芳春
董 事 長　趙政岷
出 版 者　時報文化出版企業股份有限公司
　　　　　108019 台北市和平西路三段 240 號
　　　　　發行專線—（02）2306-6842
　　　　　讀者服務專線— 0800-231-705、（02）2304-7103
　　　　　讀者服務傳真—（02）2304-6858
　　　　　郵撥— 19344724 時報文化出版公司
　　　　　信箱— 10899 台北華江橋郵局第 99 信箱

時報悅讀網　http://www.readingtimes.com.tw
電子郵箱　yoho@readingtimes.com.tw
法律顧問　理律法律事務所 陳長文律師、李念祖律師
印　　刷　勁達印刷有限公司
初版一刷　2020 年 11 月 20 日
定　　價　新台幣 350 元

（缺頁或破損的書，請寄回更換）

百萬人氣直播主的 5 堂必修課／許湘庭、萬珈維
作 . ——初版 . —— 臺北市：時報文化，2020.11

　　160 面；17*23 公分

　　978-957-13-8355-2（平裝）

　　1. 電子商務 2. 網路行銷 3. 網路社群

496　　　　　　　　　　　　　　109012812

ISBN 978-957-13-8355-2
Printed in Taiwan